汉竹主编●亲亲乐读系列

儿童活力营养早餐

薄灰 / 著

李宁 / 主审

汉竹图书微博

http://weibo.com/hanzhutushu

江苏凤凰科学技术出版社

全国百佳图书出版单位

·南京·

儿童活力
营养早餐

自序

早晨七点，暖暖的阳光探进了我家的厨房。我感觉自己正处在一个舞台的中央：打蛋的筷子敲击着碗沿发出清脆的声音，锅中的油“滋啦啦”地唱着小曲，有时候也可能是热粥“扑扑”地低唱或果汁机潇洒的旋转舞。不到半小时，一桌诱人的早餐就备好了。这时，老公和孩子们都已经洗漱完毕，安安静静地坐到了餐桌前，一看到热气腾腾的早餐，睡眼惺忪的两个孩子就开始欢腾起来，挥舞着双手“扫除美味”。温暖就这样抵达。

作为一个美食专栏作者和生活体验达人，其实我会比其他上班族妈妈还要忙碌，但对于家人，尤其是孩子们的三餐，我从来都不会懈怠。我知道，一份为孩子们带来快乐的早餐，需要的不仅仅是厨艺上的十八般功夫，更需要一份日日准时准点从床上爬起来的勇气。但是每天多花几分钟，多花点心思，让孩子吃好早餐，开开心心上学，快快乐乐回家，这对于一个妈妈来讲，不正是生活的美妙意义吗？

葱油饼、虾仁汤面、香菇酱肉包，我小时候迷恋的食物都是妈妈亲手做的，如今，我又把这些做给自己的孩子。家的味道就是这样指尖相传，母爱就在日复一日的餐桌上延续。从妈妈对我无微不至的爱，到我开始阅读各种营养书，去理解如何搭配钙、铁、锌、蛋白质……身为一个“美食控”，除了精心挑选食物，构思摆盘外，对孩子的早餐，我开始琢磨更多的营养配比。我相信，这份美味的陪伴就是每一天的温柔唤醒，唤醒孩子晨间的活力，给予他们成长的动力。

谨以此书献给为做早餐而手忙脚乱的家长们，希望本书能为忙于上班，又心系孩子健康的你们，提供一份快手营养早餐方案！

Hello！早餐，阳光正好！

2018年8月10日

春季能量早餐

吃 好 早 餐 长 高 个 儿

主食：蔬菜肉松寿司
饮品：牛奶
水果：黄桃

主食：韭菜锅贴
配餐：肉末青菜豆腐羹
水果：香蕉

主食：葱油饼
配餐：小米粥
其他：煎芦笋

主食：牛肉炒面
配餐：白灼西蓝花
饮品：鲜榨橘子汁

主食：番茄青菜蛋饼
配餐：翡翠鸡蓉
水果：樱桃

主食：蘑菇焗饭
饮品：菠萝梨汁

主食：火腿西多士
水果：豉油芦笋
饮品：麦片牛奶

主食：鲜虾小比萨
配餐：牛奶玉米汤
水果：苹果

主食：胡萝卜肉丝饼
配餐：红豆汤
水果：蓝莓

主食：玉米饼
配餐：莴苣炒蛋
饮品：黑芝麻豆浆

主食：花生酱卡通吐司
配餐：奶香青豆泥
饮品：葡萄汁

主食：西蓝花蛋黄粥
配餐：五彩鸡米
水果：黄桃

主食：鱼丸粗面
水果：圣女果

主食：花边鲜虾比萨
饮品：鲜榨番茄汁

主食：青菜海米烫饭
配餐：鸡蛋卷
水果：圣女果

主食：菠萝饭
配餐：芦笋口蘑汤
水果：圣女果

主食：牛奶水果燕麦粥
配餐：香蕉软饼
水果：圣女果

主食：香煎豆渣饼
配餐：蓝莓山药
水果：葡萄

夏季清爽早餐

清 清 爽 爽 好 开 胃

主食：萨拉米蘑菇奶油意面
配餐：白灼芦笋
饮品：柠檬水

主食：葱油海米拌面
配餐：凉拌秋葵
水果：苹果

主食：牛肉酱意面
配餐：柠香三文鱼
水果：苹果

主食：蛋包饭
饮品：草莓奶昔
水果：圣女果

主食：玉米蛋炒饭
配餐：冬瓜丸子汤
水果：芒果

主食：红枣玉米窝窝头
配餐：丝瓜烩白玉菇
水果：杨桃

主食：西葫芦蒸饺
饮品：榛子葡萄干豆浆
水果：枇杷

主食：热干面
配餐：丝瓜蛋花汤
水果：草莓

主食：西葫芦糊塌子
配餐：烤香菇
水果：圣女果

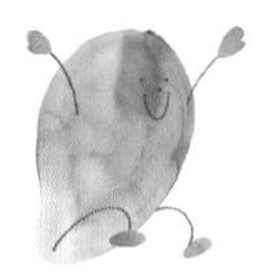

主食：银鱼煎蛋饼
配餐：丝瓜菌菇汤
水果：哈密瓜丁

主食：杏仁费南雪
饮品：草莓牛奶

主食：蝴蝶卷
配餐：莲子粥
水果：圣女果

主食：青菜鸡蛋面
配餐：海盐黑椒煎大虾
水果：苹果

主食：焗番茄奶酪饭
配餐：盐水虾
水果：黄桃丁

主食：番茄炒饭
配餐：盐水豌豆
饮品：鲜榨橙汁

主食：虾仁汤面
配餐：黄瓜酿肉丸
水果：芒果

主食：笑脸土豆饼
配餐：胡萝卜肉末粥
水果：香瓜

主食：法式吐司
饮品：牛奶脆谷乐
水果：苹果

秋季滋补早餐

补 脾 润 燥 好 滋 味

主食：大骨汤手擀面
配餐：荷包蛋
水果：芒果

主食：奶味水果饭
配餐：烤胡萝卜
饮品：鲜榨番茄汁

主食：葱烤馒头片
饮品：莲藕雪梨豆浆
水果：黄桃

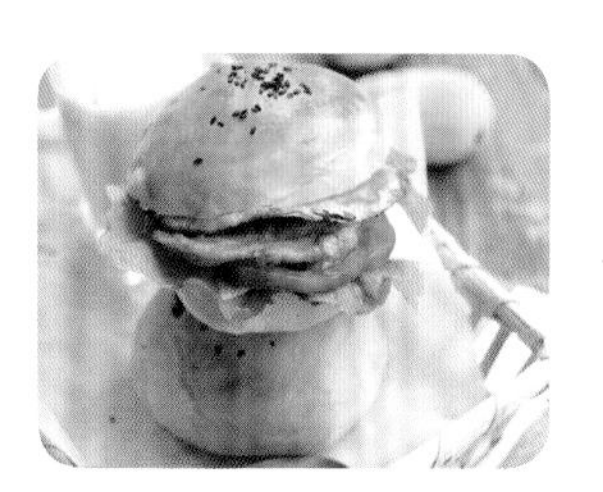

主食：黑椒里脊汉堡
饮品：牛奶
水果：芒果

主食：三明治北极虾手卷
饮品：百香果蜂蜜饮

主食：红薯发糕
配餐：翡翠鸡肉粥
水果：金橘

主食：紫米饼
配餐：虾仁西蓝花
水果：甜瓜

主食：小猪豆沙包
饮品：牛奶
水果：苹果丁

主食：鸡蛋灌饼
配餐：鱼片汤
水果：冬枣

主食：香菇酱肉包
饮品：花生红枣豆奶
水果：龙眼

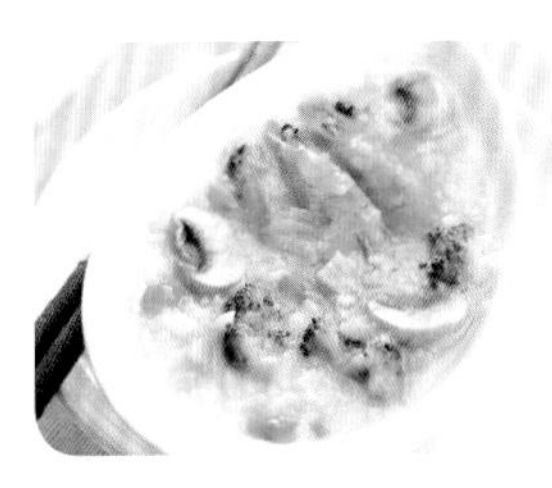

主食：鲜虾蔬菜粥
水果：橙子

主食：冰花煎饺
饮品：绿豆豆浆
水果：香瓜

主食：牛油果三明治
饮品：抹茶红豆牛奶

主食：南瓜杂粮软米饭
配餐：瘦肉豆芽汤
水果：葡萄

主食：红糖开花馒头
配餐：核桃麦片粥
水果：樱桃

主食：什锦鲜虾面
水果：金橘

主食：无花果米粥
其他：水煮蛋

主食：酸奶华夫饼
配餐：酸奶水果沙拉

冬季暖心早餐

活　力　满　满　一　整　天

主食：紫薯奶糊
配餐：茄汁虾丸
水果：芒果

主食：紫米饭团
饮品：黑豆黑芝麻豆浆
水果：樱桃

主食：菜肉大馄饨
配餐：快手椒盐豆腐
水果：圣女果

主食：蛋煎馒头片
配餐：山药枣泥
水果：樱桃

主食：肉松面包
配餐：土豆沙拉
饮品：胡萝卜番茄汁

主食：番茄牛腩面
水果：黄瓜

主食：菠菜卷饼
配餐：红豆莲子粥
水果：芒果

主食：奶香面包版华夫饼
配餐：培根金针菇卷
水果：猕猴桃

主食：土豆煎蛋饼
饮品：燕麦核桃豆浆
水果：橙子

主食：黑麦土豆丝卷饼
配餐：煎香肠
饮品：红豆豆浆

主食：金鱼蒸饺
配餐：南瓜糙米糊
水果：蓝莓

主食：蒜香吐司条
饮品：猕猴桃雪梨汁

主食：沙丁鱼吐司杯
饮品：橙汁

主食：胡萝卜牛肉软米饭
配餐：冬瓜排骨汤
水果：火龙果

主食：奶香松饼
饮品：花生红枣豆浆
水果：草莓

主食：鸡汤香菇面
配餐：凉拌莴笋丁
水果：梨

主食：蛋香煎米饼
饮品：奶香玉米汁
水果：橙子

主食：香蕉花生酱三明治
配餐：培根土豆浓汤
水果：百香果

第一章 汤粥面糊好暖胃

第二章 家常热面唤醒你

第三章

馄饨、饺子，有菜有肉不挑食

第四章

早安！香香的饼

第五章 吃了馒头、包子一上午不饿肚子

第六章 花样米饭心里有阳光

第七章 夹个三明治拿起就走

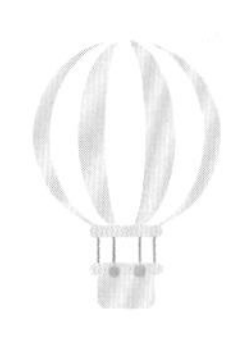

第八章

周末小烘焙

第九章

能量加餐

第一章

汤粥面糊好暖胃

番茄疙瘩汤

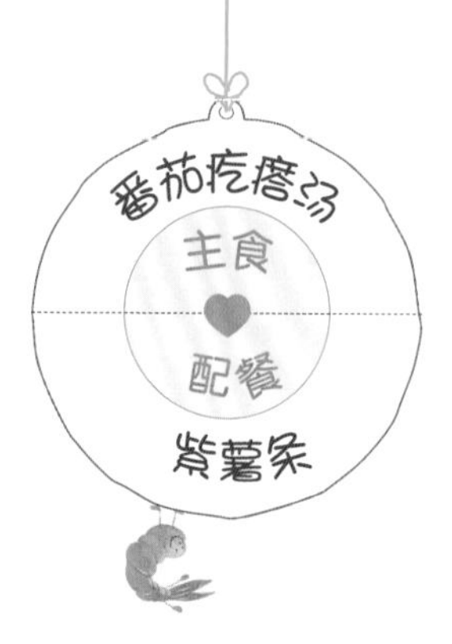

准备好

番茄	2个
鸡蛋	1个
面粉	120克
植物油	1匙
葱花	适量
盐	适量

妈妈这样做

① 面粉加150毫升清水搅拌成面糊。

② 炒锅里倒油烧热，放入去皮切块的番茄翻炒出红汤，番茄部分炒至糊化状态。

③ 加入清水煮沸，用筷子边搅边淋入面糊。

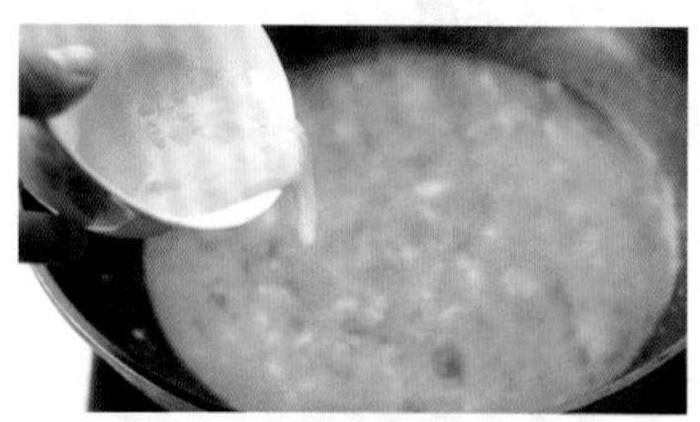

④ 待锅中再次煮沸后淋入打散的蛋液煮成蛋花，最后撒上葱花，加适量盐调味即可出锅。

西蓝花蛋黄粥

早起20分钟

妈妈这样做

1. 把大米洗净，以大米和水按照1:5的比例放入电饭锅内，煮成米粥。

2. 将西蓝花放入清水中浸泡10分钟，洗净捞出。

3. 剥去水煮蛋的鸡蛋壳，取出蛋黄，然后用勺子将蛋黄磨碎。

4. 取西蓝花放入开水中焯熟后取出切碎。

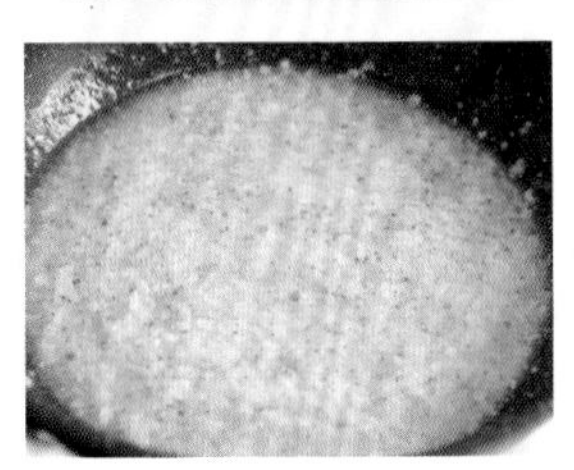

5. 取米粥倒入锅中，加入蛋黄碎煮沸，然后加入焯熟的西蓝花碎，稍煮一下，拌匀即可。

准备好

西蓝花……………………3小朵
水煮蛋………………………1个
大米…………………………50克

Tips 蛋黄富含DHA、锌等多种营养元素，有助于孩子大脑和身体发育。

海米菜心粥

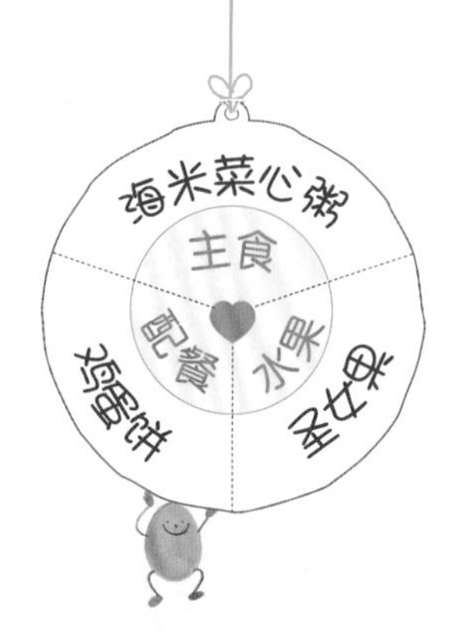

妈妈这样做

① 海米提前用温水浸泡，泡至回软；锅里加少许植物油、盐和水，煮沸后放入洗净的菜心，焯烫至变色后捞出，沥水、切碎备用。

② 另取砂锅，加足量清水烧开，倒入大米，大火煮沸后转小火煮30分钟，其间不时搅动以防止粘锅，煮至粥黏稠，加入泡好的海米，再煮10分钟。

③ 加入切碎的菜心，稍煮几分钟，出锅前加少许盐和芝麻油调味即可。加入菜心碎后可轻轻翻拌，断生后立刻关火，以免过熟导致维生素C流失。

准备好

海米……15克
大米……100克
菜心……3棵
芝麻油……1/2匙
盐……3克
植物油……适量

虾仁玉米粥

早起25分钟

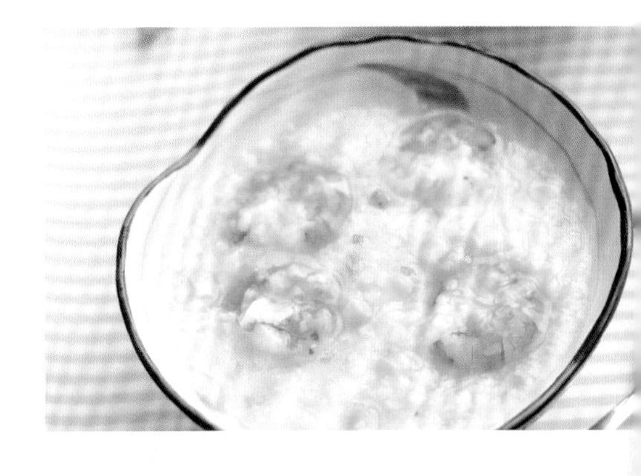

准备好

大米……………………80克
基围虾……………………100克
玉米……………………半根
料酒……………………1匙
葱花、姜末……………………各适量
植物油……………………适量
白胡椒粉、盐……………………各少许

妈妈这样做

① 用刀切下玉米粒备用，虾挑去虾线并剥壳，留下虾头和虾壳备用。取出虾仁，加料酒、盐、白胡椒粉、姜末拌匀，腌15分钟。

② 锅里倒植物油，油锅烧热，放入虾头和虾壳，熬至油变红、虾壳变酥。虾油熬好备用。

③ 大米洗净后放入砂锅，加入适量清水煮至粥黏稠；放入玉米粒与虾仁，搅拌均匀。

④ 粥出锅前，淋少许虾油，加盐调味，撒上葱花即可。

滑蛋牛肉粥

准备好

大米……100克
牛里脊肉……100克
鸡蛋……2个
葱花……适量
盐……少许
植物油……适量
水淀粉……1匙
芝麻油……1/2匙
料酒……1/4匙
姜丝……适量

妈妈这样做

1. 牛里脊肉横切成薄片，加料酒、水淀粉、植物油抓匀，腌20分钟备用。

2. 大米洗净后加少许盐和植物油浸泡30分钟，在锅里倒入清水煮开，放入浸泡好的大米，大火煮开后转小火煮30分钟，其间注意搅拌以防止煳底。

3. 粥煮好后，放入牛肉片、姜丝，煮至牛肉变色，再淋入鸡蛋液煮成蛋花状，然后加盐、葱花、芝麻油调味。

搭配炒菠菜

菠菜4~6棵，植物油、盐各适量。锅中倒油烧热，加入菠菜稍微翻炒后，转中小火倒小半杯热开水，盖锅盖焖1分钟，加盐调味即可。

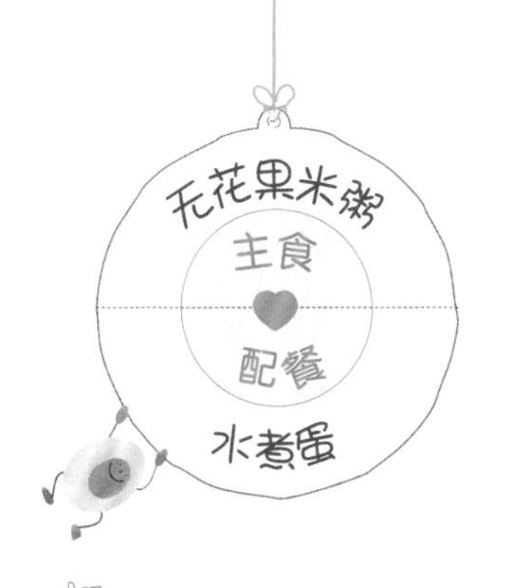

无花果米粥

早起30分钟

准备好

大米……150克

无花果干……80克

冰糖……少许

妈妈这样做

① 将大米淘洗干净，用清水浸泡20分钟；将无花果干冲洗干净，泡10分钟后取出，切成小块备用。

② 锅里倒入足量清水煮沸，放入泡好的大米，大火煮沸后转小火煮至米粒开花后，放入无花果块。

③ 煮至粥黏稠后，可按宝宝口味添加少许冰糖。

Tips 无花果含有多种氨基酸和维生素，有润肺利咽的功效，孩子嗓子不舒服时可适量食用。

紫薯奶糊

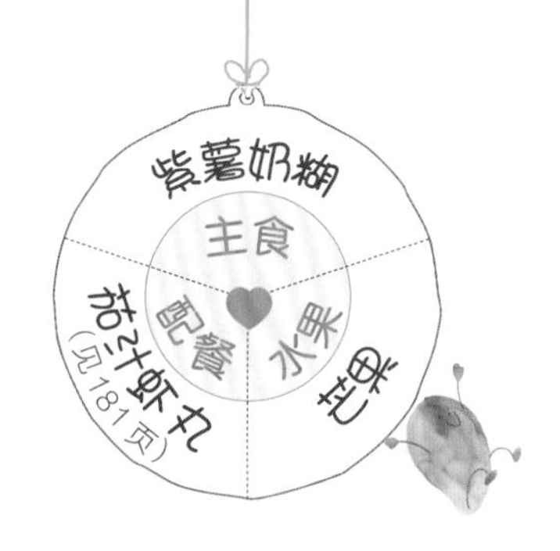

准备好

紫薯……………………………1个
牛奶…………………………250克
蜂蜜…………………………适量

妈妈这样做

1

提前一晚将紫薯去皮切成块，放入锅里蒸熟，紫薯块越小蒸得越快。蒸熟放凉后，放入冰箱冷藏。

2

取约150克蒸熟的紫薯块加牛奶放入料理机杯中。

3

启动料理机搅打成奶糊，盛入碗中即可，家有2岁以上的宝宝可适量添加蜂蜜，增加风味。

牛奶水果燕麦粥

睡过头时救场

准备好

即食燕麦……35克
牛奶……210毫升
苹果……1/2个
香蕉……1根
葡萄干……1小把

妈妈这样做

① 将苹果洗净去皮切成小丁；香蕉切成片状；葡萄干适量。

② 锅里倒入牛奶，再加入燕麦片，煮至微微沸腾后关火闷3分钟，即食燕麦片用开水就能泡着吃，因此不用久煮。

③ 燕麦粥盛入碗中撒上水果丁和葡萄干即可。

Tips 家长需要关注即食燕麦包装袋上的配方表，尽量选择不添加人工香精的。

鲜虾蔬菜粥

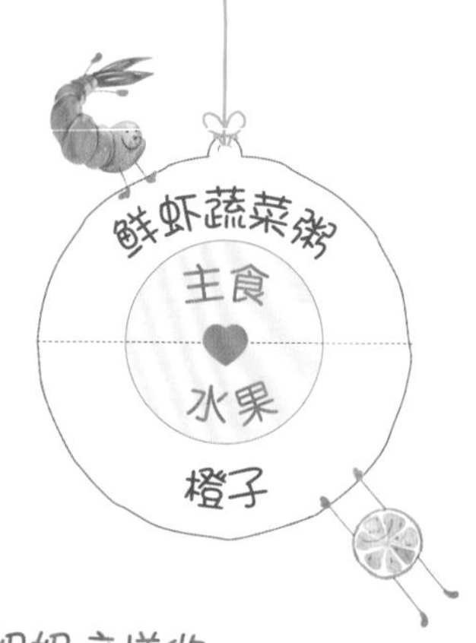

准备好

大米	100克	芝麻油	1/2匙
虾	3~5只	葱姜末	适量
西蓝花	100克	植物油	少许
口蘑	5个	盐	4克
胡萝卜	1/2根		

妈妈这样做

1. 

   大米洗净后沥干水分，加少许植物油和盐浸泡20分钟；胡萝卜洗净切丁，口蘑切片，西蓝花焯熟，鲜虾炒好备用。

2. 

   锅里加水烧开，倒入浸泡好的大米，大火煮沸后转小火煮30分钟，其间不时搅动，煮至粥软烂黏稠，放入胡萝卜丁。

3. 

   加入口蘑片、虾、葱姜末煮5分钟，然后放入西蓝花，最后加盐、芝麻油调味即可。

椰香紫米粥

早起 15 分钟

妈妈这样做

①

紫米用清水淘洗干净，提前一晚浸泡（可覆盖保鲜膜放入冰箱冷藏）。

②

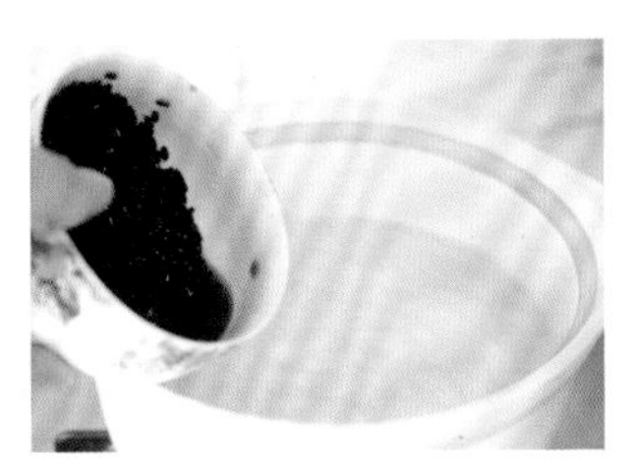

锅里加足量清水烧开，倒入泡好的紫米，大火煮沸后转小火熬煮至紫米软烂黏稠。

③

倒入椰浆，再加少许冰糖，煮至冰糖溶化；将芒果去皮切小块，放入紫米粥，再淋少许椰浆即可。

准备好

椰浆……………………100 克
紫米……………………150 克
芒果……………………1 个
冰糖……………………少许

第二章
家常热面唤醒你

鱼丸粗面

准备好

草鱼肉……250克
面条……150克
青菜……1把
鸡蛋……1个
盐……1匙
白糖……1/2匙
生抽……1匙
醋……1匙
葱花、姜末……各适量
白胡椒粉……少许
植物油、芝麻油……各适量

妈妈这样做

1. 鱼丸可提前做，将草鱼洗净后，去掉刺和皮，用刀切下鱼肉，加适量姜末，放入料理机里搅打成鱼蓉。

2. 鱼蓉里加入葱花、盐、白糖、白胡椒粉，顺时针搅拌至鱼蓉上劲，手上蘸适量清水，将鱼蓉团成鱼丸。

3. 锅里倒植物油烧至六成热，下鱼丸，中火炸2分钟后捞出，沥干油后可放入冰箱冷冻保存，推荐在7天内食用完。

4. 锅里倒入水，加适量植物油、生抽和醋，放入鱼丸煮沸，再放入面条煮熟。

5. 将鸡蛋打散，摊成蛋皮，切成细丝，和青菜一起加入面条中。煮至小青菜变熟，最后加盐调味，淋适量芝麻油即可。

虾仁汤面

早起 20 分钟

妈妈这样做

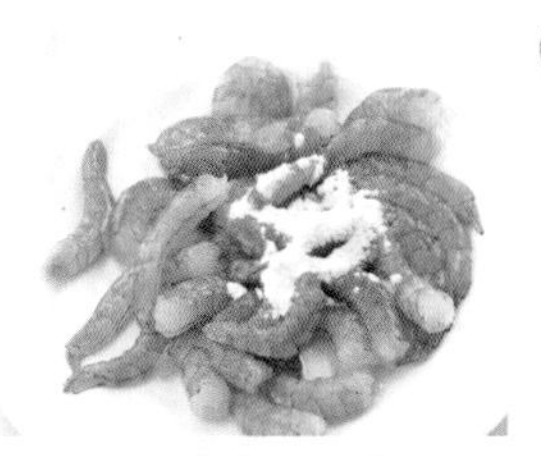

1. 将新鲜的基围虾洗净后剥壳取出虾仁，加少许料酒、盐、干淀粉抓匀后腌10分钟。小葱切末。

2. 炒虾仁时，可同步煮面条，节约时间。炒锅里倒油烧热，放入姜片炒香后捞出，接着放入虾仁煸炒至变色后盛出。

3. 锅中留底油，放入葱末、豌豆和胡萝卜末翻炒至断生。

4. 加入清水煮开，倒入水淀粉勾薄芡，倒入虾仁再次煮开，加少许盐调味。

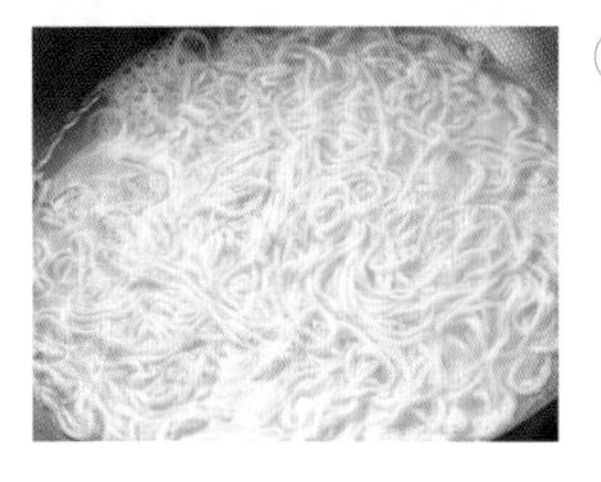

5. 另取一锅水将面条煮熟捞出，浇上煮好的虾仁和汤即可。

准备好

基围虾	100克
面条	200克
豌豆	20克
胡萝卜末	20克
小葱	2根
姜	2片
水淀粉	1/2碗
料酒	1匙
盐	1克
干淀粉	3克
植物油	少许

番茄牛腩面

准备好

牛腩……100 克
面条……150 克
番茄……1 个
姜……2 片
桂皮……1 片
生抽……2 匙
料酒……1 匙
植物油……1 大匙
盐……3 克
八角……3 颗

妈妈这样做

1. 先将牛腩切成2厘米左右的小块，锅中倒入凉水，大火加热，煮出牛腩块里的血沫后捞出用热水冲洗干净备用。

2. 锅中倒油，将姜片、八角、桂皮炒香，放入牛腩块，加入生抽、料酒，大火翻炒2分钟。

3. 将牛腩转入炖锅，锅里倒入能没过食材的热水，大火煮开后转中小火炖煮1.5小时，炖煮时需要不时搅拌。

4. 加入切块的番茄，翻拌均匀后继续炖30分钟，直到汤汁变稠，牛肉软烂，加盐调味后冷藏保存，第二天早上加热即可。

5. 做早餐时取锅煮面条，待面条煮熟后拌入热好的番茄牛腩并浇入汤汁再煮沸即可。

鸡汤香菇面

妈妈这样做

① 可以提前一晚煮鸡汤。先将鸡肉处理干净，斩切成块状，和清水一起放入锅中，大火煮至沸腾，撇去浮沫，倒去焯鸡块的水。

② 锅中倒入干净的冷水，将鸡块冷水下锅，放入打好的葱结和姜片，大火煮开后撇去浮沫；香菇切片。

③ 转小火，慢炖1.5~2小时后，加入切好的香菇片和少许盐，小火继续炖煮约5分钟至香菇软熟，冷藏保存，第二天早上加热即可。

④ 做早餐时，将鸡汤倒入锅内，撇去多余油脂后盛入碗中，同时另取锅煮面条，待熟后放入盛鸡汤的碗内。

准备好

母鸡……1只
面条……100克
新鲜香菇……4朵
盐……2克
小葱……2根
姜……2片

25分钟

7:00 烧水
7:05 放入面条 处理虾
7:20 放菜心 煎虾
7:25 煎好鸡蛋 摆盘上桌

青菜鸡蛋面套餐

早起 25 分钟

准备好

鸡蛋……1个
面条……150克
青菜心……5根
生抽……1/2匙
植物油……1/2匙
葱花……适量
盐……1/2匙

妈妈这样做

1. 锅里倒油烧热，放入葱花爆香，倒清水烧开，淋适量生抽，放入面条。

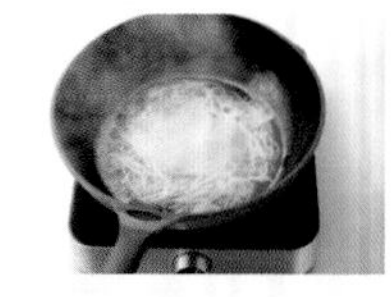

2. 青菜心提前焯熟，捞出过冷水，待面条快煮熟时放入。

3. 在煮面条的同时，可另取锅煎熟一个鸡蛋以搭配，面条出锅前，加入少许盐调味。

海盐黑椒煎大虾

同时做

准备好

鲜虾……200克
植物油……1匙
黑胡椒碎……5克
海盐……1克

妈妈这样做

1. 虾清洗干净沥干水分，剪去虾枪、虾脚，挑除虾线，处理完控干水分，以免煎大虾时油星飞溅。
2. 平底锅倒油烧热，将大虾摆放在锅里，小火慢煎至虾两面都成红色后，加海盐、黑胡椒碎。
3. 拌匀后再略煎一会儿即可食用。

1

2

3

什锦鲜虾面

准备好

木耳、香菇……各4朵
鸡蛋……1个
面条……100克
猪里脊肉……20克
虾仁……6个
西蓝花……3朵
冬笋……1片
蚝油……1大匙
玉米淀粉……5克
芝麻油、料酒……各少许
姜、白胡椒粉……各适量
水淀粉、植物油……各1小匙

妈妈这样做

1. 将木耳和香菇泡软，面条煮熟，冬笋切片，姜切丝，鸡蛋打散成蛋液，西蓝花切小块，锅里倒油烧开，焯熟西蓝花。

2. 猪里脊肉切片，虾仁洗净后控干水分，加蚝油、玉米淀粉、料酒、白胡椒粉拌匀腌15分钟。

3. 锅里倒植物油烧热，爆香姜丝，放入腌好的虾仁和猪肉煸炒至变色。加入笋片、西蓝花、木耳和香菇翻炒一会儿。

4. 加入蚝油翻炒均匀，淋入少许芝麻油炒匀，加入半碗水煮沸，然后淋入水淀粉煮至汤略微黏稠，将蛋液倒入锅中。

5. 再次煮开后将菜和汤浇在煮好的面上即可。

三丝炒面

提前 20 分钟

妈妈这样做

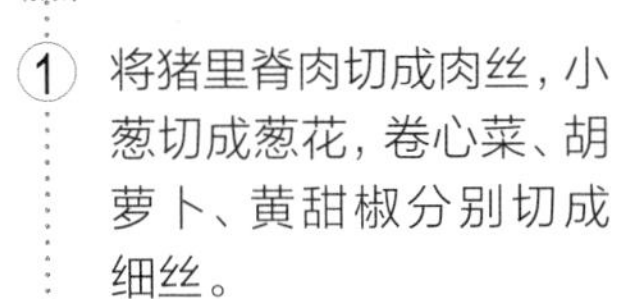

1. 将猪里脊肉切成肉丝，小葱切成葱花，卷心菜、胡萝卜、黄甜椒分别切成细丝。

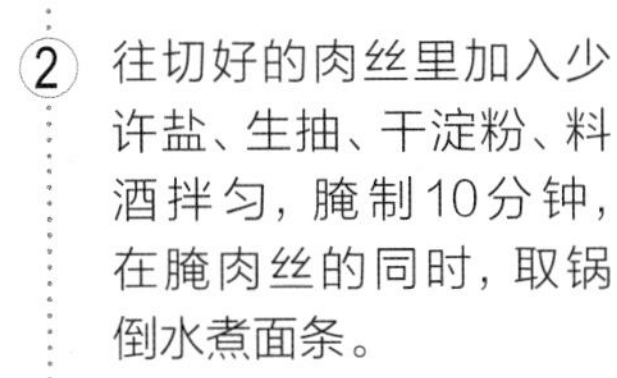

2. 往切好的肉丝里加入少许盐、生抽、干淀粉、料酒拌匀，腌制10分钟，在腌肉丝的同时，取锅倒水煮面条。

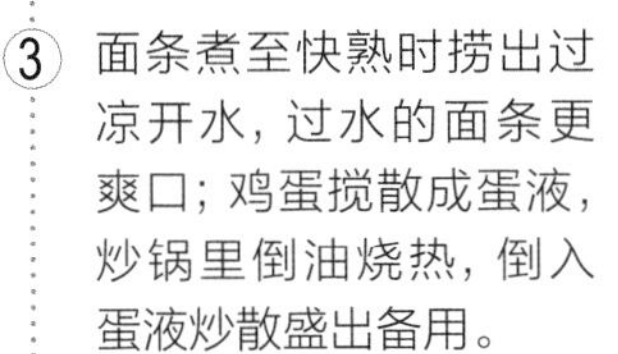

3. 面条煮至快熟时捞出过凉开水，过水的面条更爽口；鸡蛋搅散成蛋液，炒锅里倒油烧热，倒入蛋液炒散盛出备用。

4. 锅里留底油，放入葱花炒香，倒入肉丝煸炒至断生。

5. 再加入胡萝卜丝、黄甜椒丝、卷心菜丝翻炒至变软断生，然后倒入沥干的面条翻炒，加少许生抽和盐调味，翻炒均匀即可。

准备好

猪里脊肉	100克
面条	120克
鸡蛋	1个
黄甜椒	1/4个
卷心菜	1/3个
胡萝卜	1/2根
小葱	2根
盐	2克
生抽	1匙
干淀粉	1小匙
料酒	1/2小匙
植物油	1小匙

15
分钟
7:00 切丝瓜块
7:05 炒丝瓜
煮面条
7:11 煮丝瓜蛋花汤
调制芝麻酱汁
7:15 拌好摆盘

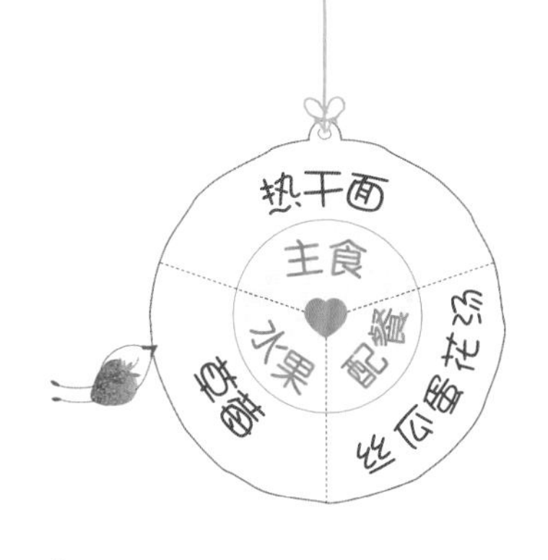

热干面套餐

早起 15 分钟

准备好

面条……150 克
芝麻酱……2 大匙
芝麻油……2 匙
生抽……1 匙
老抽……1/2 匙
香葱末……5 克
盐……1 克
酸豆角……10 克

妈妈这样做

1. 芝麻酱加盐、生抽、老抽和少许芝麻油，搅拌均匀成芝麻酱油。

2. 清水烧开，放入面条，待面条煮熟后捞出沥干水分，加剩余芝麻油拌匀。

3. 面条盛入碗中，浇上拌好的芝麻酱汁，撒上酸豆角、香葱末，趁热拌匀。

丝瓜蛋花汤

同时做

准备好

丝瓜……1 条
鸡蛋……1 个
植物油……1 匙
芝麻油……1 匙
盐……2 克

妈妈这样做

1. 丝瓜削皮切成滚刀块。
2. 锅里倒油烧热，放入丝瓜块，淋适量清水翻炒至丝瓜变软，加入清水，煮沸后淋入打散的鸡蛋液。
3. 最后加盐调味，淋适量芝麻油即可。

牛肉炒面

准备好

牛里脊肉	50克	葱花	1小把
面条	100克	芝麻油	1小匙
黄甜椒	1/2个	生抽	1匙
干淀粉	5克	料酒	1匙
洋葱	1/4个		

妈妈这样做

① 

牛里脊肉切成细丝，倒入干淀粉、生抽、料酒，再加入清水，拌匀腌制；洋葱、黄甜椒切丝备用。

② 

清水烧开，放入面条，待面条煮至8分熟后捞出。用清水冲凉后放入碗中，加1小匙芝麻油拌匀。

③ 

将腌好的牛肉丝炒至变色后盛出。留底油，放入洋葱丝和黄甜椒丝炒熟。倒入面条和炒好的牛肉丝，加入生抽、葱花调味炒匀即可。

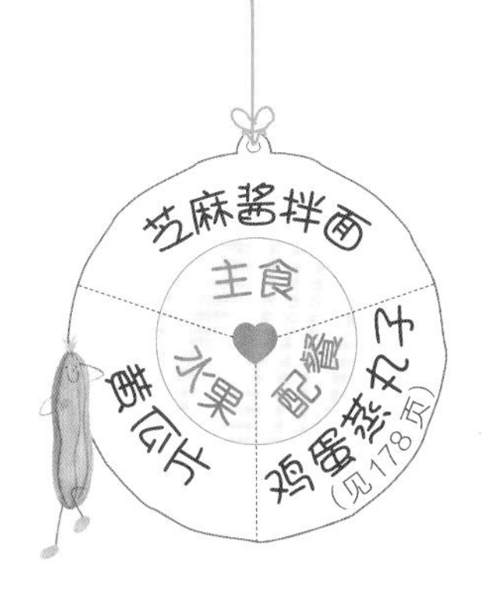

芝麻酱拌面

正常起床

准备好

面条……150克
黄瓜……1/3根
胡萝卜……1/2根
芝麻酱……2匙
醋……少许
生抽……1小匙
盐、葱花……各适量

妈妈这样做

① 先把芝麻酱倒入碗里，加少许盐，少量多次地添加凉开水，用筷子顺一个方向搅拌，直至变稀、颜色变浅。

② 清水烧开，放入面条，待面条煮熟后放入凉开水里过一下后捞出沥干。

③ 把黄瓜和胡萝卜切成细丝，锅里倒水烧沸，放入黄瓜丝和胡萝卜丝焯烫2分钟。

④ 将焯烫好的蔬菜和面条一起放在碗里，倒上芝麻酱，撒少许葱花，淋少许生抽和醋，搅拌均匀即可。

葱油海米拌面

准备好

海米……15 克
面条……200 克
小葱……1 小把
生抽……1 匙
植物油……2 大匙

妈妈这样做

① 葱洗净，切成寸段；海米用温水浸泡，捞出沥干备用。温水浸泡后的海米容易煮熟。

② 锅里倒入植物油，放入小葱段，小火慢慢煎。这时候不能心急开大火，否则容易煎焦，煎葱油的同时，可另取锅煮面条。

③ 当葱颜色开始变化时，加入泡发好的海米同煎一会儿，煎至葱叶微焦关火。

④ 将面条煮好捞出，沥干水分，淋入生抽、熬好的葱油，放上葱叶和海米，搅拌均匀。

大骨汤手擀面
主食
配餐
水果
荷包蛋
甜瓜

大骨汤手擀面

正常起床

妈妈这样做

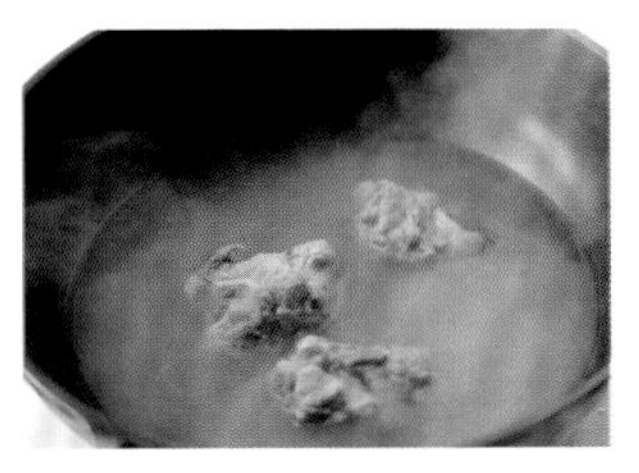

1 提前一晚炖煮好骨汤，将猪腿骨焯水后放入锅内，加葱姜末和足量清水，大火煮开后转小火炖约1.5小时盛出冷藏。

2 做早餐时取适量骨汤放入水锅中煮开，加入面条至煮熟。另起一锅，放少许油，做一个快手荷包蛋。

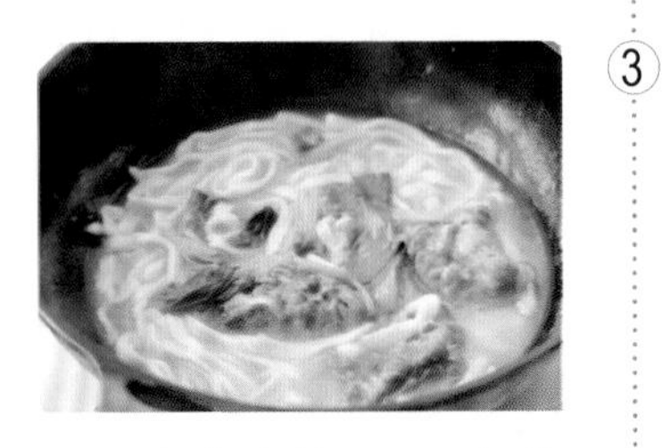

3 加入青菜煮熟，最后加盐调味，放上荷包蛋即可。

准备好

猪腿骨	300克	鸡蛋	1个
面条	150克	葱姜末	适量
青菜	1棵	盐	1克

番茄肉酱意面

准备好

猪肉末……150克
贝壳意面……100克
橄榄油……1匙
洋葱……1/4个
黑胡椒粉……3克
番茄……2个
口蘑……3个
蒜……2瓣
番茄酱……2大匙
盐……适量

妈妈这样做

① 将番茄、洋葱、蒜瓣切碎，炒锅里倒入橄榄油烧热，放入肉末煸炒至变色后盛出。

② 炒锅留底油，放入蒜末、洋葱末炒出香味，倒入番茄丁翻炒至汤汁黏稠，加入番茄酱与肉末炒匀，加2匙清水焖煮5分钟。

③ 放入口蘑片，炒至变软，加少许盐、黑胡椒粉调味。

④ 另取一锅加入约1000毫升清水，水烧沸后加2小匙盐，再放入意面煮11分钟后捞出，煮好后将意面装盘，浇上番茄肉酱。

萨拉米蘑菇奶油意面

早起10分钟

1. 蒜切成蒜末；口蘑洗净后切成片；锅里加足量清水，加2小匙盐，放入贝壳意面煮约11分钟，捞出沥干水分。

2. 炒锅里倒橄榄油烧热，放入蒜末爆香，放入萨拉米香肠和口蘑翻炒至口蘑变软。

3. 加入淡奶油和2匙煮贝壳意面的水，煮至汤汁稍浓稠。

4. 放入煮好的贝壳意面，加芝士粉、黑胡椒碎、干罗勒碎、盐调味，翻拌均匀即可。

准备好

- 萨拉米香肠…………40克
- 口蘑…………4个
- 贝壳意面…………100克
- 淡奶油…………100毫升
- 橄榄油…………1匙
- 盐…………2小匙
- 黑胡椒碎…………3克
- 干罗勒碎…………3克
- 帕尔玛芝士粉…………5克
- 蒜…………3瓣

牛肉酱意面

准备好

牛肉……90克
螺旋意面……100克
黄油……15克
番茄……1个
胡萝卜……1/2根
洋葱……1/4个
蒜……2瓣
番茄酱……2大匙
黑胡椒粉……3克
干罗勒碎……2克
盐……1克

妈妈这样做

1. 牛肉切碎；蒜、洋葱、胡萝卜全部切成碎粒；番茄切丁。

2. 锅烧热，用小火熔化黄油，然后放入蒜粒、洋葱炒出香味，倒入牛肉末，炒至变色。

3. 倒入胡萝卜粒、番茄丁炒匀，加入番茄酱，干罗勒碎、黑胡椒粉、盐，用小火慢慢熬成香浓的番茄牛肉酱。

4. 另置一锅烧水，水沸腾后放入螺旋意面，加适量盐煮七八分钟，捞出装盘，淋上煮好的番茄牛肉酱即可。

搭配 柠香三文鱼

三文鱼1块，柠檬小半个，橄榄油1匙，盐、黑胡椒粉各适量。三文鱼抹上盐、黑胡椒粉，挤上柠檬汁腌5分钟，平底锅里倒适量橄榄油，放入三文鱼，中小火煎熟即可。

彩色手擀面

睡过头时救场

妈妈这样做

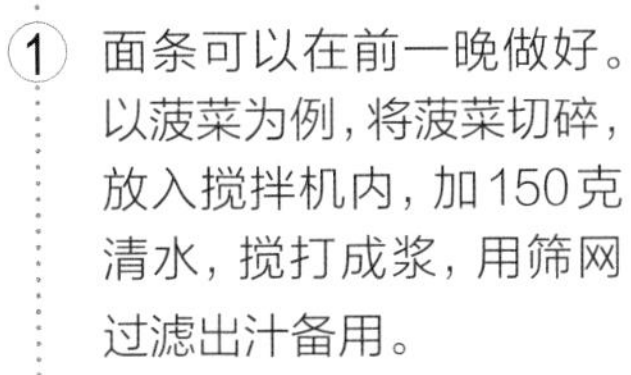

1. 面条可以在前一晚做好。以菠菜为例，将菠菜切碎，放入搅拌机内，加150克清水，搅打成浆，用筛网过滤出汁备用。

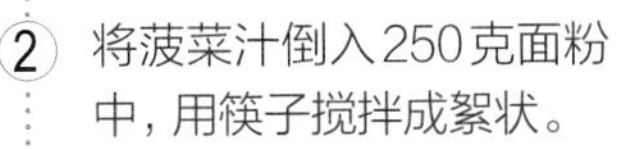

2. 将菠菜汁倒入250克面粉中，用筷子搅拌成絮状。

3. 揉成光滑的面团，盖上保鲜膜醒发静置15分钟后，将面团擀成薄片。

4. 面片上撒少许干面粉，抹匀后再将面片折叠起来用刀切成粗细均匀的面条，抖散防止粘连。

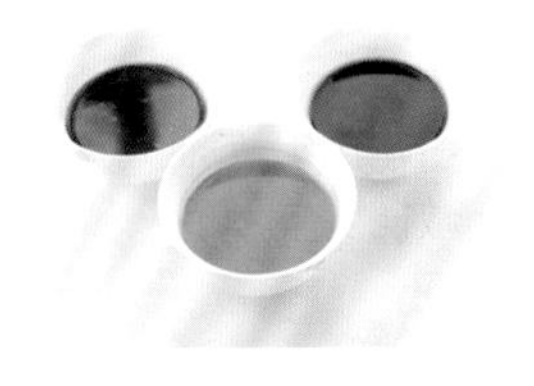

5. 用同样的方法制作胡萝卜汁和紫甘蓝汁的面条，放入冰箱冷藏，注意留好空间，防止粘连。第二天做早餐时，取适量面条即可。

准备好

面粉………… 750克（3份）
菠菜…………………… 1小把
胡萝卜…………………… 1根
紫甘蓝……………… 1/4棵

玉米红薯软面

准备好

面条……………………100 克

红薯……………………50 克

熟玉米粒………………20 克

妈妈这样做

1. 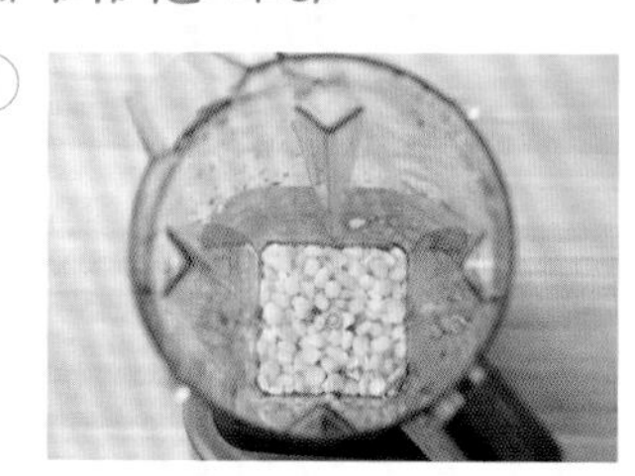

   熟玉米粒洗干净，放入开水中煮熟后，倒入搅拌机内，搅打成玉米泥。

2. 

   红薯洗净去皮，切小块，放入锅内蒸熟，取出后制成红薯泥。

3. 

   锅内加水，将面条煮至软烂。将煮好的面条盛入碗中，倒入红薯泥和玉米糊，搅拌均匀即可。

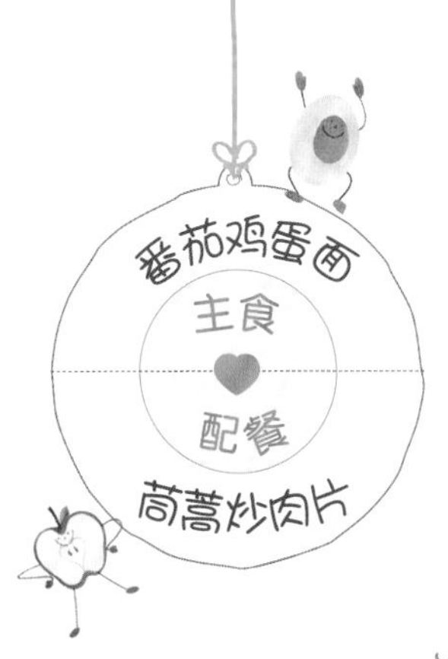

番茄鸡蛋面

早起 15 分钟

妈妈这样做

1. 番茄洗净，用开水烫一下，去皮，切成块状。鸡蛋取蛋黄，打散备用。

2. 炒锅倒少许油烧热，放入打散的蛋黄，炒至蛋黄呈块状后盛出。

3. 倒入番茄块，炒至番茄成糊状。

4. 另起一锅，加入适量清水煮开，再放入面条煮熟，最后加入炒过的蛋黄和番茄，加盐调味煮熟即可。

准备好

番茄……………………1个
面条……………………150克
鸡蛋……………………1个
植物油…………………1/2匙
盐………………………1克

第三章

馄饨、饺子，有菜有肉不排食

虾仁鲜肉小馄饨

准备好

基围虾……5只
馄饨皮……30~35张
猪瘦肉……200克
虾皮……10克
白糖……1小匙
料酒……2小匙
生抽……1匙
鸡蛋……1个
葱姜末、芝麻油……各适量
盐、紫菜……各少许

妈妈这样做

1. 小馄饨可以提前一晚包好后放入冰箱冷冻。先将虾挑去虾线，去头剥壳后剁成虾泥；猪瘦肉洗净后剁成猪肉末。

2. 取葱姜末，加热水制成葱姜水；将葱姜水倒入剁好的肉末和虾泥中，搅拌均匀。

3. 再加入料酒、生抽、盐、白糖，用筷子顺一个方向搅打至肉末上劲，呈黏稠状。

4. 将拌好的馅料放在馄饨皮上，捏紧包好，依次处理后放入冰箱冷冻，在早餐时适量取用即可。

5. 鸡蛋打散备用，下馄饨前，锅里倒入足量水，放入紫菜和虾皮煮沸，鸡蛋液摊成蛋皮切成丝放入汤中，下入馄饨煮熟，出锅前加芝麻油与盐调味。

菜肉大馄饨

早起 10 分钟

妈妈这样做

① 可提前一天做好馄饨。青菜洗净，开水焯熟后捞出切碎；干香菇泡发，切末；葱姜切末。

② 猪肉末里加生抽、芝麻油、盐、白糖、料酒，搅拌至肉馅上劲，加入葱姜末、香菇末和青菜末，搅拌均匀。

③ 取一张馄饨皮，取适量菜肉馅放在馄饨皮 1/3 处，从下往上卷起，留约 1 厘米边缘。

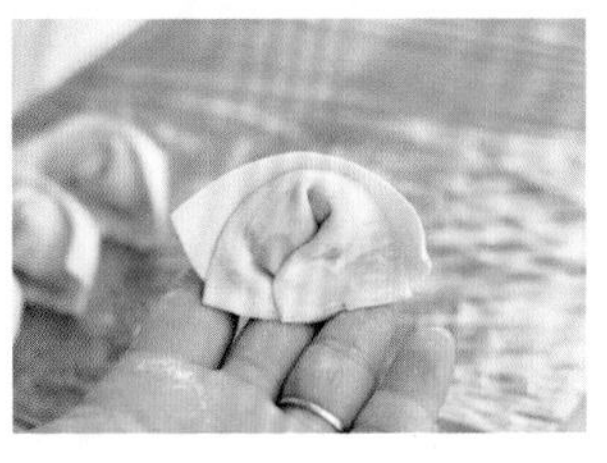

④ 两端沾适量水，捏紧包好，依次处理。包好后放入冰箱冷藏，第二天适量取用。锅里倒入高汤，加入洗净的紫菜和海米，放入馄饨煮熟，淋适量芝麻油，加盐调味即可。

准备好

馄饨皮	30~35 张
猪肉末	150 克
青菜	100 克
干香菇	5 朵
生抽	1 匙
芝麻油	1/2 匙
料酒	1/2 匙
小葱	2 根
姜	1 片
紫菜、海米	适量
白糖、盐	少许
高汤	适量

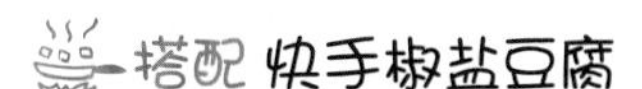

搭配 快手椒盐豆腐

卤水豆腐 1 块，植物油 1 大匙，香葱末、椒盐各适量。平底锅倒油烧热，放入切片的豆腐。中火煎至两面金黄色，表面变焦脆。撒香葱和椒盐拌匀即可。

15分钟

7:00 取出锅贴	7:05 码放锅贴	7:10 煎熟锅贴	7:15 摆盘上桌
青菜切碎	煮豆腐羹	水淀粉勾芡	

韭菜锅贴套餐

早起 20 分钟

准备好

- 韭菜……………………1把
- 猪肉馅……………………200克
- 水饺皮……………………20~25张
- 生抽……………………1匙
- 蚝油……………………1匙
- 植物油……………………1匙
- 料酒……………………1/2匙
- 葱姜末……………………适量
- 芝麻油……………………1/2匙
- 熟芝麻……………………2克

妈妈这样做

1. 提前包好锅贴。将韭菜洗净，切碎；猪肉馅加水，打至上劲。加入葱姜末、生抽、蚝油、料酒、芝麻油与韭菜碎，搅拌均匀。

2. 取一张水饺皮，铺上韭菜肉馅，对折后将水饺皮中部捏紧，可放入冰箱冷冻，即吃即取。

3. 取平底锅倒植物油，将包好的锅贴码整齐，煎约1分钟后倒入半碗清水，盖上锅盖继续煎至水分蒸发，出锅前撒上熟芝麻。

肉末青菜豆腐羹

准备好

- 猪肉末……………………100克
- 豆腐……………………1块
- 青菜……………………2棵
- 植物油……………………1/2匙
- 生抽……………………1匙
- 水淀粉……………………3匙
- 芝麻油……………………1/2匙
- 葱姜末……………………适量
- 盐……………………2克

妈妈这样做

1. 青菜洗净切碎，豆腐切小块；锅里倒植物油烧热，放入葱姜末爆香。
2. 下猪肉末煸炒至变色，调入生抽炒匀，再加入切碎的豆腐翻炒均匀。
3. 在锅中放入清水煮沸，再加入切碎的青菜稍煮。淋入水淀粉勾芡，最后加盐、芝麻油调味即可。

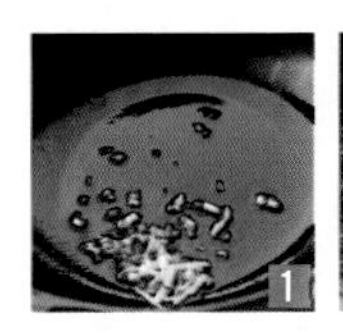

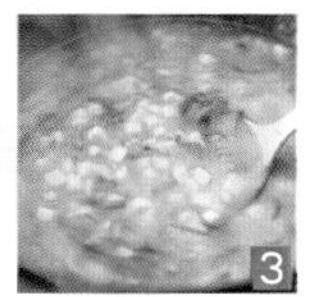

鲜肉白菜水饺

准备好

面粉	300克
猪肉	100克
虾仁	50克
白菜叶	3片
香菇	3朵
胡萝卜	1/2根
生抽	1匙
芝麻油	1/2匙
白糖	2克
盐	1克
葱姜末	各少许

妈妈这样做

1. 提前一晚制作好饺子。将白菜叶洗净后切末，加盐腌20分钟，将腌出来的水分挤去；香菇、胡萝卜洗净，切末。

2. 猪肉和虾仁分别剁成末，加清水、盐、白糖、葱姜末、生抽、芝麻油，顺时针搅拌均匀，再加入白菜末、胡萝卜末、香菇末，继续搅拌至上劲，做出馅料。

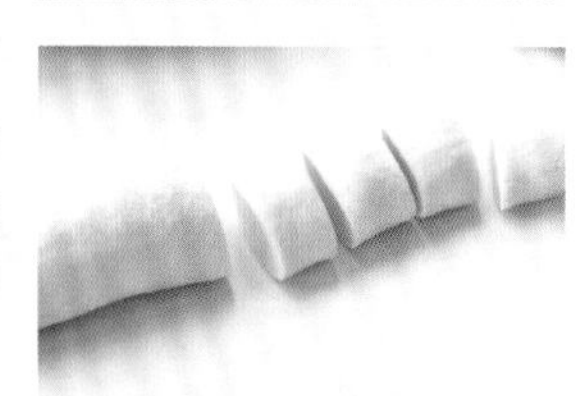

3. 面粉加少许盐混合均匀，加入清水，揉成光滑的面团，盖上保鲜膜醒发30分钟，然后搓圆，切成等大的小剂子。

4. 将剂子擀成饺子皮，包入馅料，捏紧收口，包成饺子放入冰箱冷冻，早餐时解冻，下锅煮熟即可。

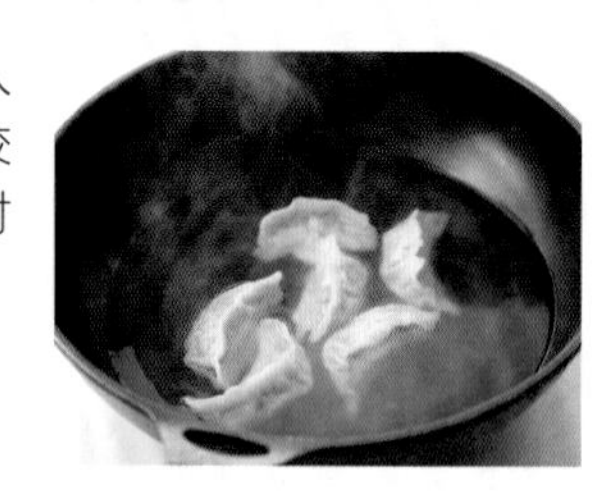

Tips 水饺搭配味噌汤，味道更加鲜美。味噌汤里可以按宝宝口味添加海带、豆芽、豆腐、芹菜丝等食材。

鲜肉白菜锅贴

早起 10 分钟

妈妈这样做

① 提前一晚包好锅贴。将白菜洗净切末，加盐搅拌腌制；猪肉末中加入葱姜末、盐、蚝油、生抽、五香粉后搅拌均匀。

② 腌好的白菜用纱布挤掉水分后，加入少许芝麻油，与肉馅混合均匀。

③ 取饺子皮放入馅料，捏紧中间的面皮，两端露口可以捏紧（也可以不捏），放入冰箱冷冻，做早餐时适量取用即可。

④ 平底锅中倒入少许植物油，码好锅贴，开小火煎1分钟后，加入没过锅贴1/2处的清水。

⑤ 大火烧开后盖锅盖，转中小火煎至水分收干即可出锅。

准备好

猪肉末……200克
白菜……1/2棵
饺子皮……20张
葱姜末……适量
盐……2克
蚝油……1大匙
芝麻油……1大匙
生抽……1大匙
五香粉……1小匙
植物油……1大匙

22
分钟
7:00 准备食材
7:05 码放金鱼饺
7:10 中火蒸金鱼饺
7:22 摆盘
切南瓜，启动豆浆机

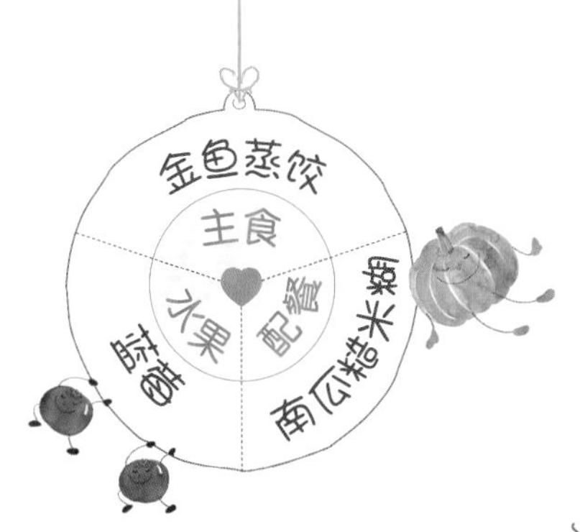

金鱼蒸饺套餐

推荐周末制作

准备好

猪肉末……50克
面粉……160克
虾仁……8个
胡萝卜……1根
奶酪……1片
海苔……1片
生抽……1/2匙
植物油……1/2匙
白糖……5克
盐……2克
葱姜末……少许

妈妈这样做

1. 将胡萝卜洗净，切小块后用搅拌机搅打碎，用网筛滤出胡萝卜汁煮沸；虾仁剁碎成泥。

2. 将胡萝卜汁加入面粉，揉成光滑面团，盖上保鲜膜醒发30分钟；猪肉末中加入虾泥、盐、白糖、葱姜末、胡萝卜碎、生抽，搅拌均匀。

3. 将醒发好的面团搓成长条，再切成小剂子，擀成薄圆皮。把圆皮的小半边翻上来，中心放上馅料，将另外半边的皮翻上来对折捏紧。

4. 取开口的一端向上捏紧做成金鱼嘴，另一端剪出尾巴并压出花纹，捏紧鱼身和尾部相连的地方；用奶酪、海苔做出金鱼的眼睛即可。

5. 盘子里刷一层薄薄的植物油，放上包好的金鱼饺，待水烧开后转中火蒸12分钟左右。

南瓜糙米糊

同时做

准备好

南瓜……20克
燕麦……15克
糙米……20克

妈妈这样做

1. 将糙米和燕麦提前一晚浸泡2小时以上，南瓜去皮、去瓤，切成块。
2. 将材料放入豆浆机内，按水位线加入200毫升温水，启动豆浆机“米糊”功能。

7:00 准备食材　7:05 蒸饺子　7:15 摆盘上桌

7:02 制作豆浆

15分钟

西葫芦蒸饺套餐

早起 15 分钟

准备好

西葫芦……………………1根
面粉……………………150克
虾皮……………………8个
开水……………………125毫升
鸡蛋……………………2个
芝麻油……………………1匙
植物油……………………1匙
白胡椒粉……………………5克
葱花……………………3克
盐……………………1克

妈妈这样做

1. 提前一晚做好饺子。面粉加开水拌匀，揉成面团后盖湿布醒30分钟，西葫芦擦成丝，加盐腌15分钟，挤去多余水分，加入植物油拌匀备用。

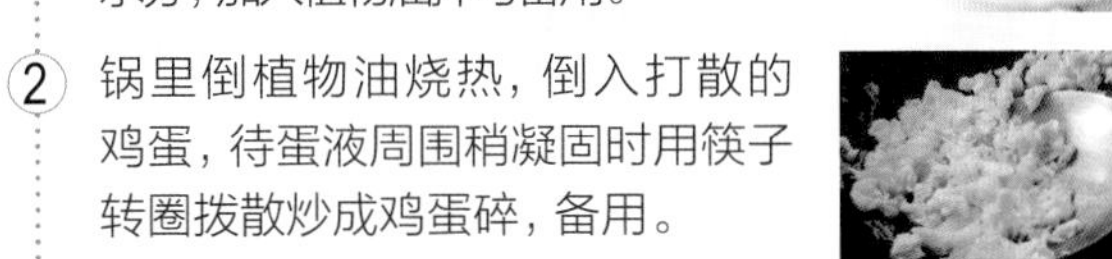

2. 锅里倒植物油烧热，倒入打散的鸡蛋，待蛋液周围稍凝固时用筷子转圈拨散炒成鸡蛋碎，备用。

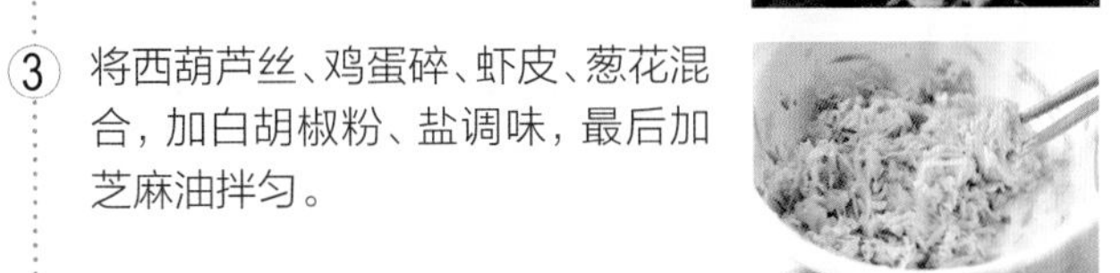

3. 将西葫芦丝、鸡蛋碎、虾皮、葱花混合，加白胡椒粉、盐调味，最后加芝麻油拌匀。

4. 将醒发好的面团擀成饺子皮，取适量馅料放在饺子皮上，捏成饺子形状，放入冰箱冷冻。做早餐时取出，依次放入蒸锅中，大火烧开水后，继续蒸约10分钟即可。

榛子葡萄干豆浆

同时做

准备好

黄豆……………………30克
榛子……………………8克
葡萄干……………………8克

妈妈这样做

提前一晚将黄豆用清水泡发；将榛子、葡萄干和黄豆一起放入豆浆机内，加入足量清水，启动“豆浆”功能即可。

1

2

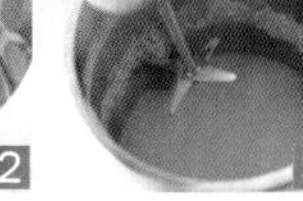
3

韭菜合子

准备好

面粉……250克
鸡蛋……2个
韭菜……1把
虾皮……1小把
芝麻油……1匙
植物油……1匙
盐……2克

妈妈这样做

1. 将韭菜洗净后控干水分，切碎备用；炒锅里倒植物油烧热，倒入打散的蛋液快速搅散炒成蛋碎盛出备用。

2. 将韭菜碎、鸡蛋碎、洗净的虾皮混合，加少许盐、芝麻油调味，拌匀成韭菜鸡蛋馅。

3. 往面粉里加入130毫升温水，揉成面团，盖上湿布放置醒发25分钟，再分割成小剂子，做成面皮。取适量馅料放在面皮上，捏紧收口，放入冰箱冷藏。

4. 平底锅里倒少许植物油，放入做好的韭菜合子。盖上锅盖，小火烙至两面金黄色即可。

搭配 鸡胸肉软粥

鸡胸肉20克，米粥1碗，香肠1根。将鸡胸肉洗净、剁成末，香肠切出小丁，锅内倒入米粥，加入鸡胸肉末，熬煮至黏稠即可。

冰花煎饺

早起20分钟

妈妈这样做

1. 提前一晚制作饺子。先往面粉里加盐，倒入清水，揉成面团，盖上保鲜膜醒发30分钟。锅里倒水烧热，加入油、盐，焯熟豇豆后切豇豆碎。

2. 猪肉末加2匙清水，搅打至肉馅上劲，加盐、白糖生抽、蚝油、料酒、白胡椒粉、芝麻油、豇豆碎、葱姜末，顺一个方向搅拌均匀。

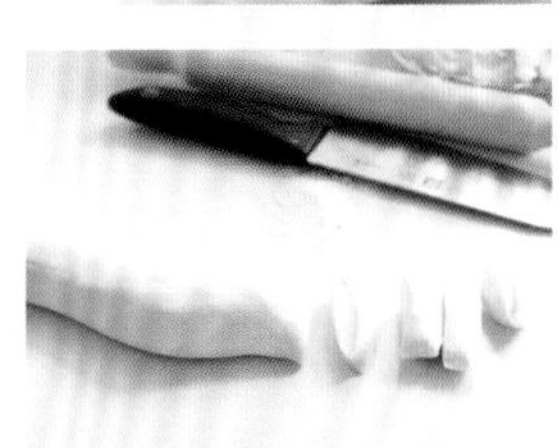

3. 把面团搓成长条状，切出小剂子，擀成饺子皮，在中间铺上馅料，对折，将外侧的饺子皮用手捏出褶子，包紧水饺皮，放入冰箱冷冻。

4. 平底锅里加油烧热，将饺子码放在锅里，小火煎至底部稍变金黄色。倒入清水。

5. 待锅里沸腾后盖上锅盖，中火煮3分钟，再转小火煮8分钟，待水分快没时再转小火，直到水分蒸完时关火即可。

准备好

豇豆	100克
猪肉末	200克
面粉	300克
植物油	适量
蚝油	1匙
生抽	2匙
料酒	1匙
芝麻油	1匙
白糖	1/2匙
白胡椒粉	适量
葱姜末、盐	各少许

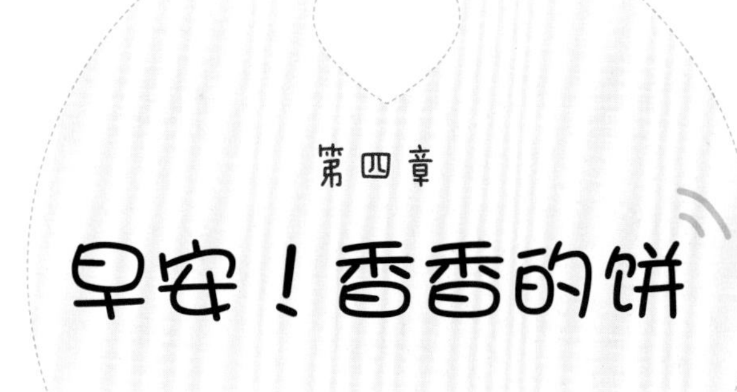

第四章 早安！香香的饼

鸡蛋饼

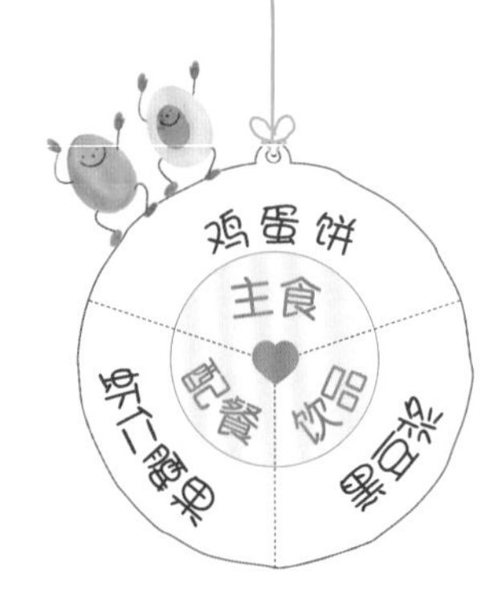

准备好

面粉	100克	葱花	1小匙
鸡蛋	2个	盐	少许
植物油	1匙		

妈妈这样做

1. 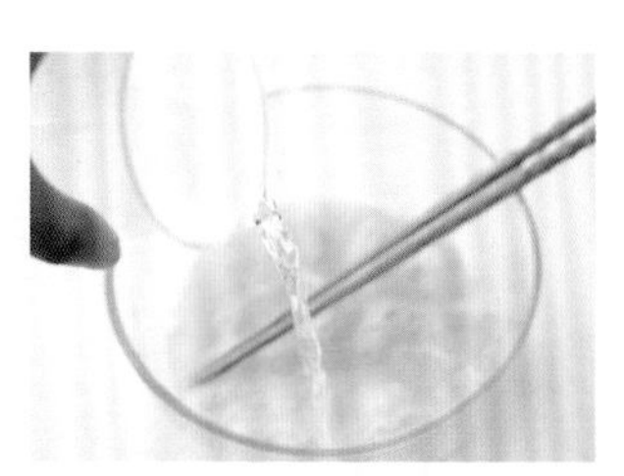

将鸡蛋打入一个大碗中，加入盐打散，再加入100毫升水搅拌均匀。

2. 

在鸡蛋液中加入面粉，搅成均匀至没有颗粒的面糊，最后加入葱花拌匀。

3. 

平底锅倒油烧热，倒入鸡蛋面糊，轻轻晃动锅体，让面糊均匀地在锅里流平。煎至蛋饼单面凝固后，翻面煎熟。

番茄青菜蛋饼

正常起床

妈妈这样做

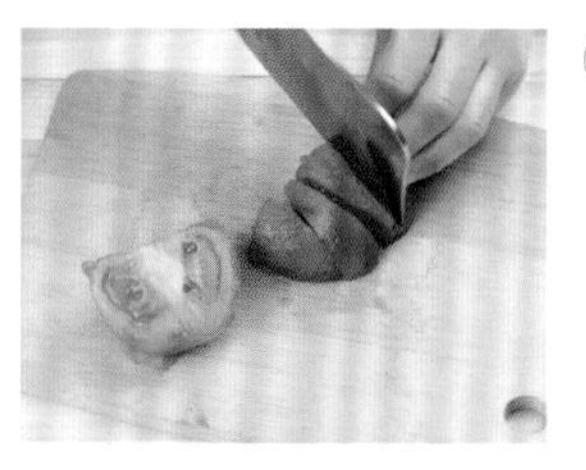

1. 青菜洗净切碎，番茄洗净，去皮后切成小丁。

2. 将鸡蛋打散，先加入全麦面粉、番茄丁、青菜碎，再加入盐，搅拌均匀。

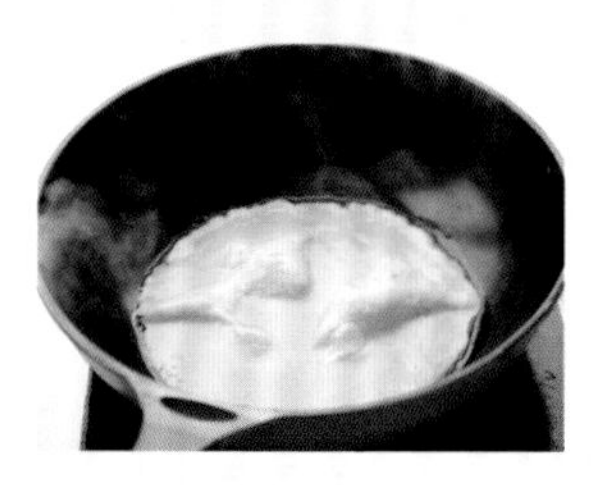

3. 锅中倒入橄榄油烧至七成热，将蛋液倒入锅内，煎至两面金黄后盛入盘中。圣女果洗净，对半切开，摆在盘边即可。

准备好

全麦面粉	100克
青菜	1棵
番茄	1个
鸡蛋	2个
圣女果	2个
橄榄油	1/2匙
盐	少许

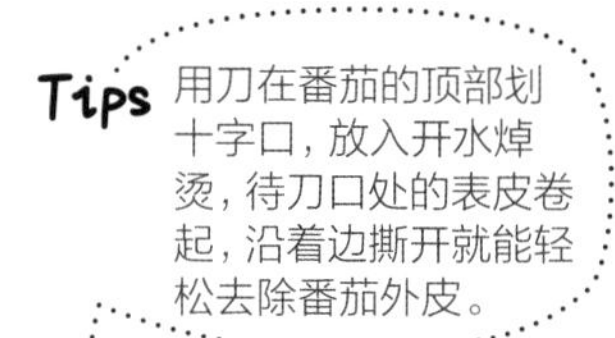

Tips 用刀在番茄的顶部划十字口，放入开水焯烫，待刀口处的表皮卷起，沿着边撕开就能轻松去除番茄外皮。

25
分钟
7:00 煮豆浆
山药去皮
7:05 滤出豆渣
切段放蒸锅
7:11 豆渣饼制作，煎熟
7:25 煎熟豆渣饼
山药蒸熟

香煎豆渣饼套餐

正常起床

准备好

- 豆渣……1/2碗
- 面粉……1/2碗
- 鸡蛋……1个
- 青菜……1小把
- 植物油……1大匙
- 白胡椒粉……4克
- 盐……2克

妈妈这样做

1. 准备好食材，青菜焯烫一下，挤干水分，切成碎末。

2. 豆渣碗里加入鸡蛋、青菜碎、盐、白胡椒粉拌匀，再加入面粉拌成柔软的面团，手上蘸适量清水，取适量面团做成圆饼状。

3. 平底锅里倒入油烧至七成热，放入做好的豆渣饼坯，小火煎至两面金黄即可。

蓝莓山药

同时做

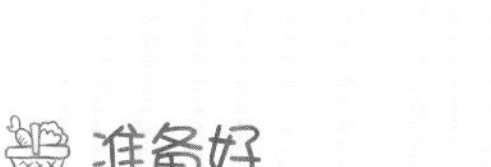

准备好

- 山药……1小根
- 蓝莓酱……20克

妈妈这样做

1. 将山药洗净，去皮后切成片状放入盘中。
2. 放入蒸锅，锅底加水，用大火蒸15分钟，直到山药完全煮软，能用筷子戳透。
3. 取出山药，淋上蓝莓酱，或者宝宝爱吃的其他果酱。

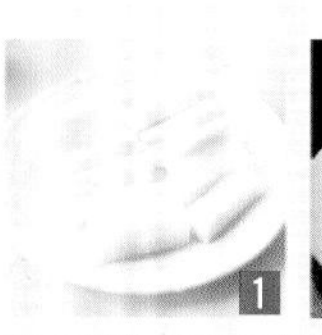
1

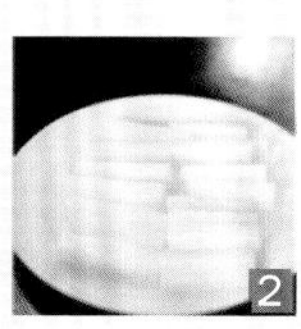
2

3

土豆煎蛋饼

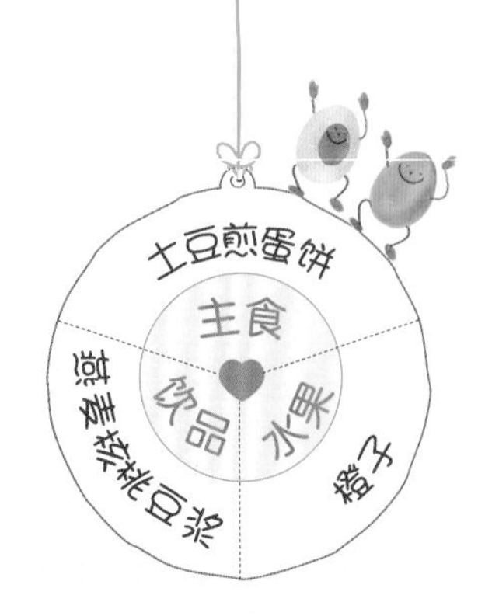

准备好

黄油……………………30 克
洋葱……………………50 克
鸡蛋……………………1 个
土豆……………………2 个
盐………………………1 小匙
黑胡椒粉………………2 克

妈妈这样做

1. 土豆去皮切成薄片；洋葱切丝；鸡蛋加盐打成蛋液备用。

2. 平底锅里放入黄油烧至熔化，放入土豆片煎至边缘微微焦黄，放入洋葱丝煸炒至出香味，加黑胡椒粉和盐拌匀。

3. 接着倒入打散的蛋液，中小火煎至底部定型，小心翻面后煎至两面金黄。

搭配 燕麦核桃豆浆

黄豆 50 克、核桃仁 2 个、燕麦 10 克。黄豆洗净，提前用水浸泡 10 小时；将黄豆、燕麦和核桃仁倒入豆浆机中，倒入适量温开水，制成豆浆。

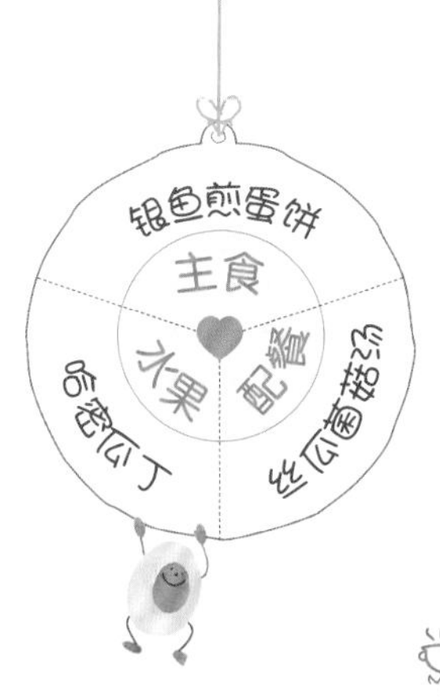

银鱼煎蛋饼

正常起床

妈妈这样做

1. 提前解冻冰冻银鱼，平底锅倒油，爆香葱花、姜末，放入银鱼。

2. 大火煸炒约1分钟，炒至银鱼变色。

3. 捞出煸炒过的银鱼放入打散的蛋液里，加葱花、盐拌匀。

4. 锅里倒油烧热，倒入混合好的鸡蛋液，煎至蛋液凝固即可。

准备好

银鱼……100克
鸡蛋……2个
植物油……1大匙
葱花……1小撮
姜末……少许
盐……1克

搭配 丝瓜菌菇汤

丝瓜半根，白玉菇1小把，盐适量，植物油1匙，芝麻油1/2匙，葱姜末各适量。炒锅倒油烧热，爆香葱姜末；倒入白玉菇翻炒至出水，加入切好的丝瓜片炒至丝瓜变软，加入没过食材的开水，淋少许芝麻油，加盐即可。

西葫芦蛋饼

准备好

面粉……30克
虾皮……10克
西葫芦……1/2根
鸡蛋……1个
黄瓜……3片
青菜叶……1片
海苔……1片
胡萝卜……少许
盐……2克
橄榄油……1匙

妈妈这样做

① 鸡蛋打散；西葫芦洗净，用刨丝刀擦成丝，放入大碗中，加盐搅拌均匀，至西葫芦稍变软腌出水后，加入打散的鸡蛋液、面粉、虾皮搅拌均匀。

② 锅中倒入橄榄油，小火烧热，倒入面糊，用铲子摊平，两面煎熟后取出放凉，用模具压出轮廓。

③ 胡萝卜洗净，煮熟后剪出蝴蝶结形状，用作Hello Kitty的发夹，再将海苔剪出眼睛、嘴巴和胡须的形状，点缀在Hello Kitty的脸上。

④ 黄瓜片对半切开，在盘中摆成风车形状，再用洗净的青菜叶和剩余的胡萝卜装饰成菜园即可。

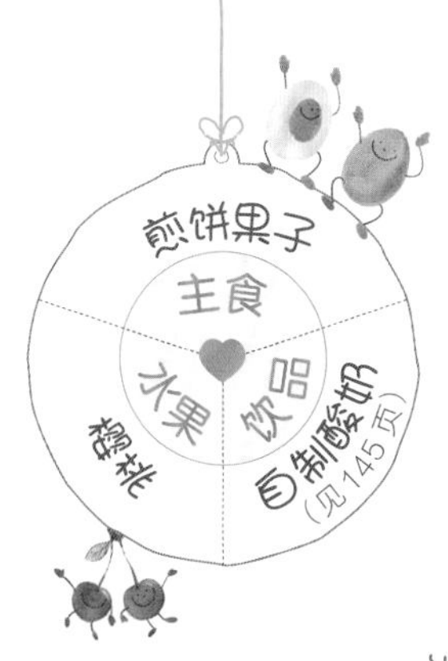

煎饼果子

正常起床

妈妈这样做

1. 将玉米面粉、面粉、200毫升水混合搅拌成面糊。平底锅里涂薄薄一层植物油，舀两勺面糊，转动锅并利用勺子将面糊摊平。

2. 中小火加热，待面糊定型后，打入一个鸡蛋，用勺子抹开蛋液，撒葱花。

3. 将面皮翻面后抹上甜面酱，关火后撒上香菜末，萝卜丁，放上油条。淋适量芝麻油。

4. 可依据宝宝口味，将甜面酱换成其他酱汁，最后将面皮裹起，切成小块。

准备好

面粉……50克
玉米面粉……20克
油条……1根
鸡蛋……1个
芝麻油……1匙
甜面酱……1小匙
萝卜丁……5克
葱花……3克
植物油……1匙
香菜末……适量

香菇豆腐饼

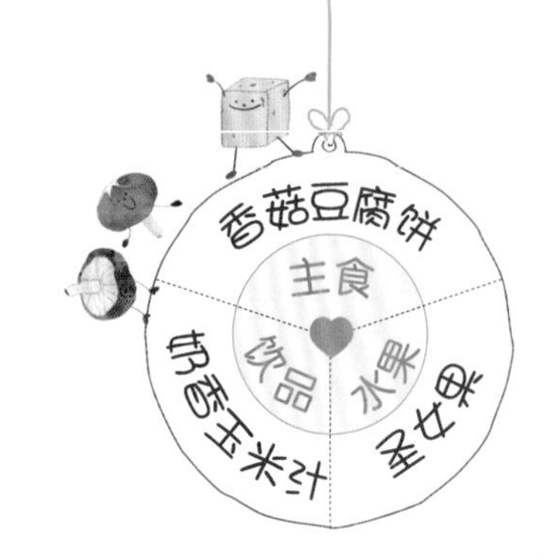

准备好

豆腐……………………150克
猪肉末…………………50克
玉米粒…………………30克
鸡蛋……………………1个
香菇……………………2朵
盐………………………1小匙
小葱……………………2根
植物油…………………适量
鸡精……………………少许

① 将豆腐洗净后放入大碗中，用勺子按压成豆腐泥。香菇切碎，小葱切成末，备用。

② 放入猪肉末、香菇碎、玉米粒、鸡蛋、葱末、盐、鸡精，与豆腐泥拌匀后备用。

③ 取适量馅料捏圆，在两手间拍打几下，做成饼状，重复步骤，可做4~6个。

④ 平底锅放油烧热，将做好的豆腐饼坯放入锅中煎熟即可。

煎火腿奶酪蛋饼

正常起床

妈妈这样做

1 将番茄去皮切成小丁，火腿切丝，奶酪切成丝，鸡蛋加少许盐和白胡椒粉搅匀。

2 平底锅里放入黄油烧至熔化，再放入火腿丝和番茄丁煸炒几下。转小火，倒入鸡蛋液，轻轻转动锅。

3 煎至蛋液底部快要凝固，表面还有少许流动的蛋液时，撒上芝士条，煎熟即可。

准备好

芝士条	15克	番茄	1个
黄油	20克	盐	2克
鸡蛋	2个	白胡椒粉	3克
火腿	2片		

7:00 焯烫豌豆　7:05 拌匀食材　7:15 煎米饼　7:20 摆盘

打玉米蓉　煮玉米汁

蛋香煎米饼套餐

早起 20 分钟

准备好

豌豆……20 克
米饭……1 碗
鸡蛋……2 个
胡萝卜……1/4 根
植物油……1 大匙
盐……2 克

妈妈这样做

1. 胡萝卜切碎末，和豌豆放入开水中焯烫一下。米饭里加入焯烫好的豌豆、胡萝卜，放入鸡蛋、盐，搅拌均匀。

2. 用筷子将煎米饼糊搅打均匀。

3. 平底锅倒油烧热，将拌好的米饭平铺在锅内，小火煎至米饭微焦。用厨房纸稍微吸一下多余油脂，切块即可，放冷后口感较好。

奶香玉米汁

准备好

甜玉米……1 根
牛奶……100 毫升

妈妈这样做

1. 将甜玉米洗净后，用刀顺着玉米棒将玉米粒切下来，放入搅拌机内，搅打成玉米蓉。
2. 用过滤网过滤掉玉米皮的碎渣，留下玉米浆备用。
3. 将玉米浆倒入小锅里，小火熬煮，边煮边倒入牛奶，直至煮沸即可。

1

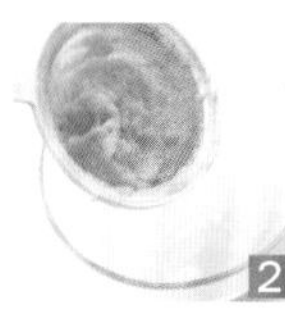
2

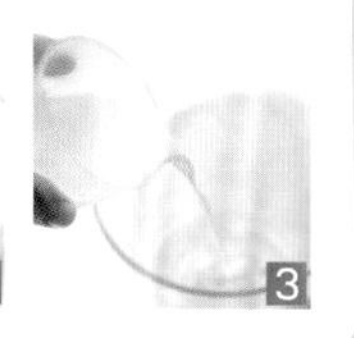
3

葱油饼

准备好

面粉……200克
盐……1小匙
椒盐……1小匙
植物油……1大匙
葱花……适量

妈妈这样做

1. 将葱花、植物油、盐、椒盐混合拌匀做成葱花油。

2. 将150毫升开水缓缓加入面粉中，边加边搅拌，揉成团，包上保鲜膜醒发20分钟。

3. 取醒发好的面团分割成4等份，取一份面团擀薄，均匀地刷上葱花油，一端边缘处留2厘米不要刷。

4. 将面皮卷成长条状，捏紧收口处，向内绕成螺旋状，放在抹了油的容器上，盖上保鲜膜醒发30分钟。

5. 将葱油卷用擀面杖擀成圆饼状，平底锅倒油烧热，放入葱油饼，用中小火煎至两面金黄即可。

玉米饼

①

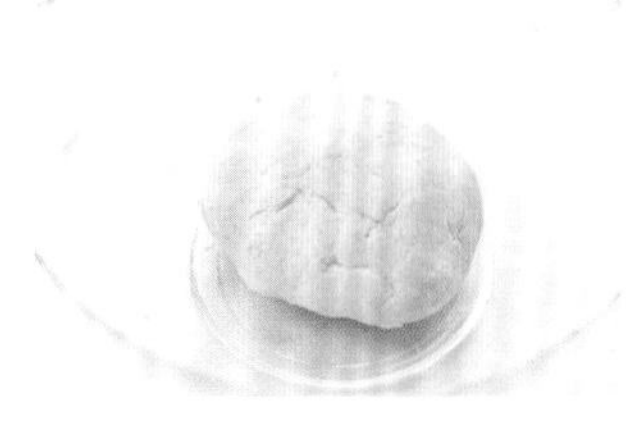

提前一晚准备好玉米饼生坯。将面粉、白糖、酵母、玉米面粉、泡打粉加入牛奶，搅拌均匀后揉成面团，醒发20分钟。

②

取醒发后的面团分8份，放入熟玉米粒，揉圆后压成饼状。

③

平底锅倒入油，中小火烧至六成热，将饼坯放入锅中，小火煎至两面金黄即可。

准备好

玉米面粉	100克	即发干酵母	2.5克
面粉	100克	进口无铝泡打粉	2克
白糖	20克	牛奶	120毫升
植物油	1匙	熟玉米粒	20克

60
分钟

7:00 发面团，准备酱料　7:05 处理虾仁　7:30 做紫米饼　7:50 煎紫米饼　8:00 摆盘

焯烫西蓝花　炒虾仁

紫米饼套餐

推荐周末制作

准备好

面粉……250克
酵母……3克
白糖……10克
紫糯米饭……2碗
植物油……1匙

妈妈这样做

1. 紫糯米饭加入植物油和白糖，翻拌均匀。

2. 将面粉、135毫升水、酵母、白糖混合，揉成光滑面团，醒发至2倍大。

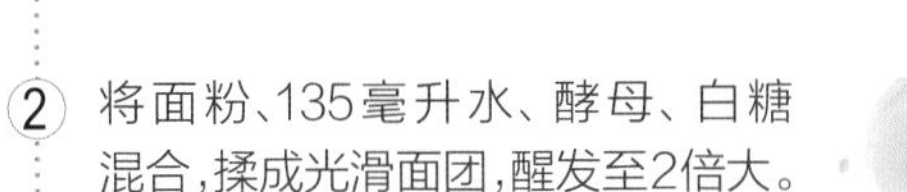

3. 取出发酵好的面团再次揉匀，分成4等份，擀成圆形的面皮，包上紫糯米馅，捏紧收口。

4. 收口向下，擀成圆形面饼状，盖上保鲜膜醒发20分钟。

5. 取醒发好的紫米饼，放入平底锅中，倒油煎至两面金黄。

虾仁西蓝花

同时做

准备好

基围虾……200克
西蓝花……半朵
红辣椒……1/2个
料酒……1匙
蒜……2瓣
盐……1克
葱花、姜丝……各适量
植物油……1匙

妈妈这样做

1. 将西蓝花放入开水锅里焯烫1分钟，沥干水分备用。
2. 基围虾挑去虾线，剥壳取虾仁，在虾仁背部划一道刀口，加料酒、葱花、姜丝、盐腌一会儿。
3. 锅倒油烧热，放入葱姜蒜爆香，放入虾仁，煸炒至变色，加入西蓝花，再加入红辣椒块一起翻炒，最后加盐调味。

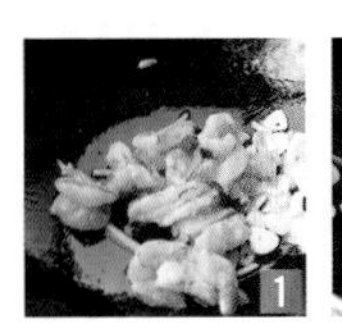

红薯饼

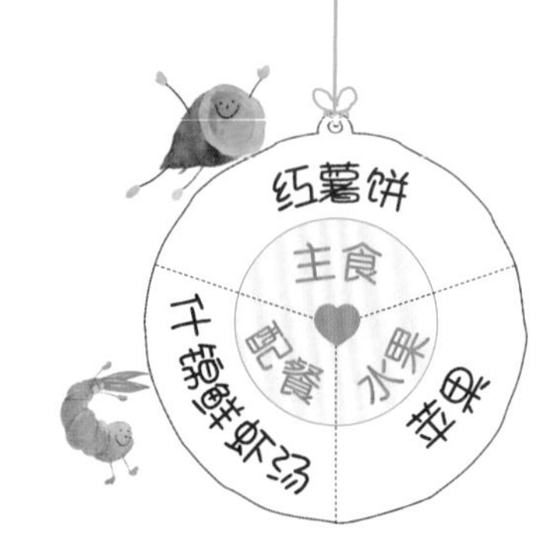

准备好

糯米粉……100克
白糖……20克
红薯……1个
植物油……1匙
白芝麻……3克

妈妈这样做

① 将红薯去皮切块放入蒸锅里蒸熟，用勺子碾压成红薯泥。

② 加入少许白糖和糯米粉，揉成软硬适中的面团，红薯泥和糯米粉的比例大致是2:1。

③ 把揉好的面团分成每个约 10 克的小面团，可搓圆按压成圆饼状。

④ 将做好的圆饼裹上一层白芝麻。

⑤ 平底锅里加少许油，烧至六成热后转中小火，放入圆饼煎至两面金黄。

香煎藕丝饼

早起30分钟

妈妈这样做

①

将藕和胡萝卜洗净，藕擦成细丝，胡萝卜切成碎末。

②

藕丝与胡萝卜末混合放入大碗中，加入糯米粉、盐和生抽，充分拌匀。双手蘸清水，将藕面团捏成圆饼状放入冰箱冷冻即可。

③

平底锅倒橄榄油烧至七成热，放入藕丝饼，转小火将藕丝饼煎至两面金黄。

准备好

藕	200克	生抽	1/2匙
胡萝卜	30克	橄榄油	1匙
糯米粉	50克	盐	1/2匙

菠菜卷饼

准备好

菠菜	80克	植物油	1大匙
鸡蛋	2个	盐	适量

妈妈这样做

1. 

   将洗净的菠菜焯烫一下，沥水备用；鸡蛋打散成蛋液。

2. 

   菠菜切碎加入蛋液中，再加入适量盐拌匀；平底锅里倒油烧热，倒入1/3量的菠菜蛋液，煎至快凝固状。

3. 

   卷起蛋饼，推在锅的一边，然后再倒入剩下1/2的菠菜蛋液摊平锅底，在快凝固时再次卷起。倒入剩余的菠菜蛋液，煎熟后切小块。

黑麦土豆丝卷饼

推荐周末制作

妈妈这样做

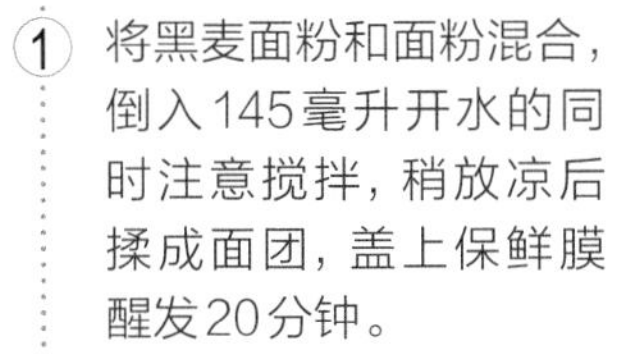

① 将黑麦面粉和面粉混合，倒入145毫升开水的同时注意搅拌，稍放凉后揉成面团，盖上保鲜膜醒发20分钟。

② 将面团分成8个小剂子，压扁成圆饼形。在表面和侧面都刷上一层油，覆盖上另一个圆面饼，用擀面杖擀成薄饼。

③ 锅里不加油，放入擀好的圆饼，中小火烙至饼的两面都出现均匀的焦黄色烙印。

④ 把土豆和青椒切成细丝，用清水洗去土豆丝表面淀粉，沥干；葱切葱花。锅里倒油烧热，放入葱花爆香，煸炒青椒丝和土豆丝。

⑤ 沿锅边淋入适量生抽和醋，待炒熟后加盐调味，将土豆丝、青椒丝铺在饼上，卷起来即可。

准备好

面粉……170克
黑麦面粉……30克
土豆……2个
青椒……1个
小葱……2根
植物油……1匙
生抽……1匙
醋……1/2匙
盐……2克

25
分钟
7:00 西葫芦擦丝
香菇切花纹
7:05 混合成面糊
香菇入烤箱
7:12 做煎饼
7:25 摆盘上桌
香菇出烤箱

西葫芦糊塌子套餐

早起 20 分钟

准备好

西葫芦……1个
鸡蛋……1个
面粉……5大勺
五香粉……3克
植物油……1匙
葱姜末……4克
盐……2克

妈妈这样做

1. 西葫芦洗净，用刨丝刀擦成丝，放大碗中。

2. 加入盐，搅拌均匀，腌至西葫芦丝稍变软，加入鸡蛋、面粉、葱姜末和适量五香粉，搅拌均匀。

3. 平底锅倒入适量植物油，小火烧热后舀面糊用铲子摊平，煎成两面金黄装盘。

烤香菇

同时做

准备好

香菇……15朵
孜然粉……1匙
橄榄油……1匙
黑胡椒粉……适量
盐……少许

妈妈这样做

1. 香菇洗净去蒂，顶部切出十字花纹。
2. 加盐、孜然粉、黑胡椒粉拌匀，再加入橄榄油，拌匀。
3. 铺在烤盘中，烤箱220℃预热后，设定时间15分钟，将香菇摆盘后放置烤箱中层，烤至香菇变蔫即可。

1

2

3

锅塌菠菜

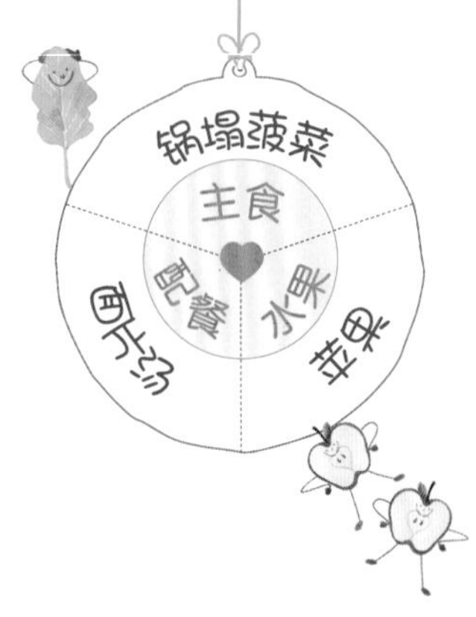

准备好

菠菜……200 克
面粉……30 克
鸡蛋……1 个
生抽……1 大匙
水淀粉……1 小匙
料酒……1 小匙
植物油……1 匙
白芝麻……5 克
盐……2 克
姜丝……少许

妈妈这样做

① 将菠菜洗净后放入面粉中，让每棵菠菜均匀地沾上一层面粉，将多余的面粉抖落。

② 鸡蛋加少许盐搅散成蛋液，再将水淀粉倒入蛋液中拌匀；放入处理好的菠菜，使其均匀地裹上一层蛋液。

③ 平底锅倒油烧热，将沾上蛋液的菠菜依次码放在平底锅里，多余的蛋液直接倒在菠菜上，一面煎金黄后翻面，煎至两面金黄。

④ 两面金黄后，加姜丝、料酒、生抽和 2 大匙开水，开大火将汤汁煮干，吃时将煎好的菠菜切成块，撒上白芝麻即可。

Tips 煎菠菜的时间稍久一些，使菠菜中的草酸充分分解，这样口感会更好一些。

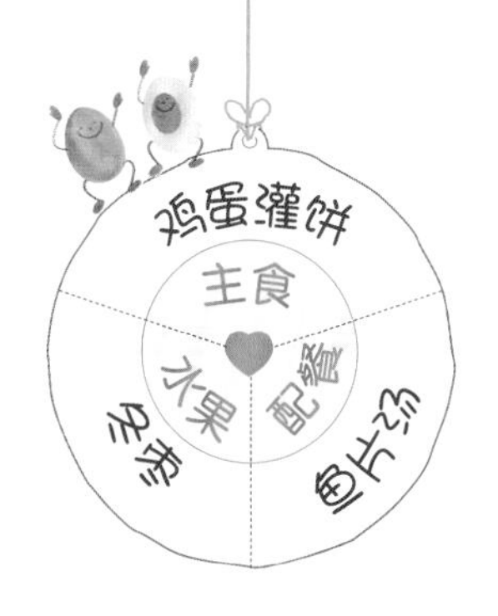

鸡蛋灌饼

推荐周末制作

准备好

中筋面粉……300克
植物油……25克
面粉……15克
鸡蛋……3个
盐……2克
椒盐……3克
葱花……适量

妈妈这样做

1. 将中筋面粉、180毫升水、盐混合，揉成光滑均匀的面团，分割为8份，盖上保鲜膜醒发30分钟，取植物油、面粉各15克，制成油酥。

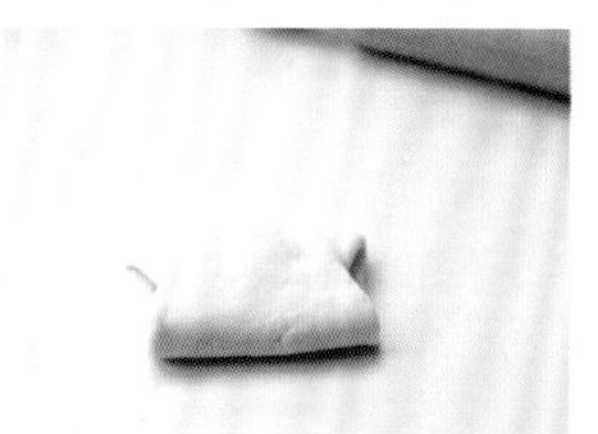

2. 取面团擀成椭圆形，刷上油酥，撒上椒盐，将面皮上下向内折，折成3折，两端捏紧，擀开成圆形面饼，依次处理剩下的面团。

3. 平底锅烧热，倒适量植物油，把面饼铺到锅上，拉扯摊平，煎约1分钟后，面饼中间鼓起来时翻面，翻面时注意避免翻破。

4. 用筷子将饼的边缘戳破；鸡蛋加葱花打散，再将蛋液从饼皮戳破的地方灌入。

5. 拎起面饼（也可以用筷子轻轻夹起），让蛋液流淌均匀，继续煎至两面金黄。

酸奶华夫饼

准备好

低筋面粉	80克	白糖	30克
酸奶	100克	鸡蛋	2个
黄油	50克	植物油	适量

妈妈这样做

1 

黄油隔热水熔化，稍放凉后打入2个蛋黄和酸奶搅拌均匀，筛入低筋面粉，搅拌至无颗粒。

2 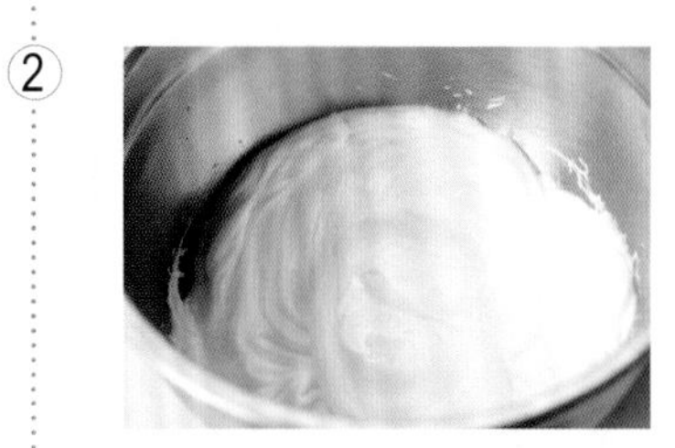

取剩下的蛋清，分3次往里加入白糖，搅打至蛋清糊能出现直立的尖角。

3 

将打发好的蛋清与蛋黄糊混合，用刮刀上下翻拌均匀。将华夫饼模具刷油预热1分钟后倒入面糊，开中小火加热，烘烤2分钟后翻面。

香蕉软饼

早起15分钟

准备好

- 自发粉……150克
- 全蛋液……25克
- 香蕉泥……100克
- 糖粉……20克
- 黄油……35克
- 牛奶……240毫升

妈妈这样做

① 黄油放置室温融化，与牛奶、全蛋液混合拌匀。

② 自发粉中加入糖粉，再倒入混合好的牛奶鸡蛋液，用手动打蛋器搅拌均匀至无颗粒的状态，加入香蕉泥，搅拌均匀。

③ 将平底锅放在小火上加热，抹薄薄一层黄油，舀1勺面糊倒在锅里，均匀摊开。

④ 小火煎至表面的面糊完全变色，翻面后继续煎1分钟左右。

棒棒糖蛋卷饼

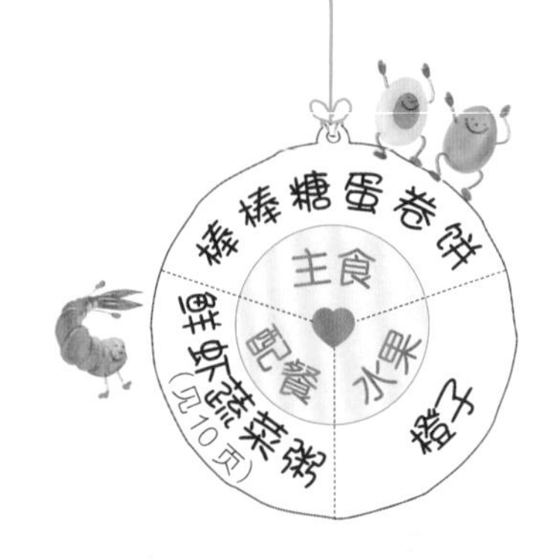

准备好

面粉	200克	淀粉	1匙
水	330克	植物油	1匙
鸡蛋	3个	盐	1匙
葱花	适量		

妈妈这样做

① 

将面粉、水、淀粉、盐、植物油混合，搅拌均匀至无面粉颗粒状，然后加入葱花。

② 

平底锅倒少许植物油，然后倒入面糊，转动锅或用勺子摊成面皮，待面糊凝固后，将鸡蛋液倒在面皮上，均匀摊开。

③ 

在蛋液即将凝固的时候将饼卷起，卷起后小火再煎一下，煎至金黄色后切块，用竹签串起来即可。

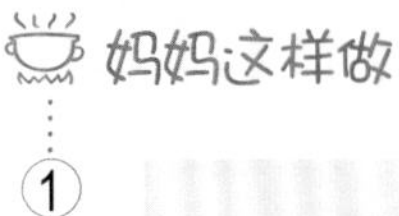

笑脸土豆饼

推荐周末制作

妈妈这样做

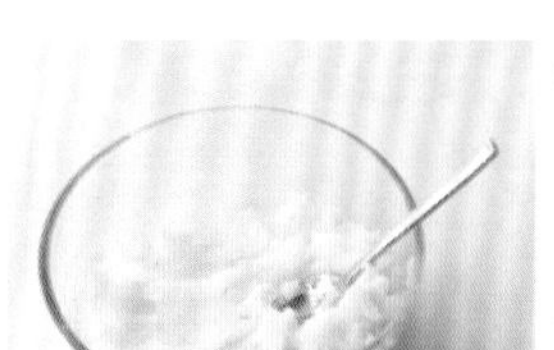

① 将土豆去皮，切片，蒸熟压成泥，加入盐、植物油和玉米淀粉，揉成土豆面团。

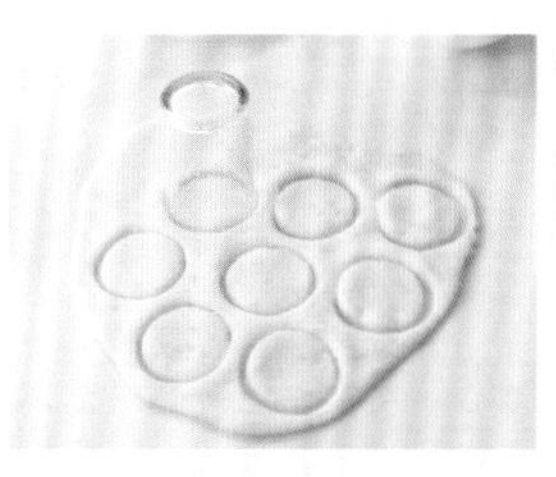

② 把土豆面团擀成大面片，拿一个圆形模具放在大面片上切割下圆形小面片。

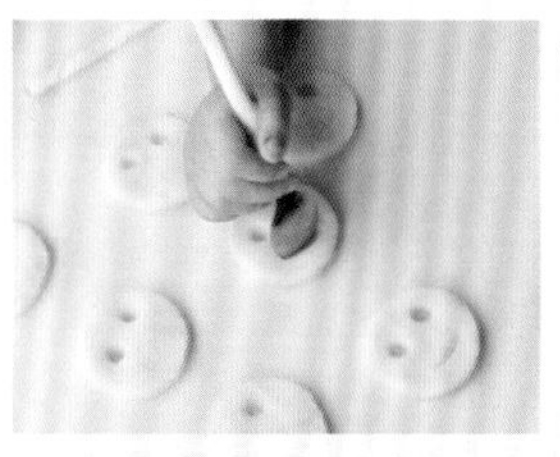

③ 用一根圆筷子的底部在圆面片上戳出两只眼睛，再用勺子戳出嘴巴的形状。

④ 油锅烧热，放入土豆饼，炸至两面金黄。如果有空气炸锅的话，可设温度200℃，预热5分钟，土豆饼两面刷油，炸5~6分钟。

准备好

土豆……………………2个
玉米淀粉……………1大匙
植物油………………2大匙
盐………………………少许

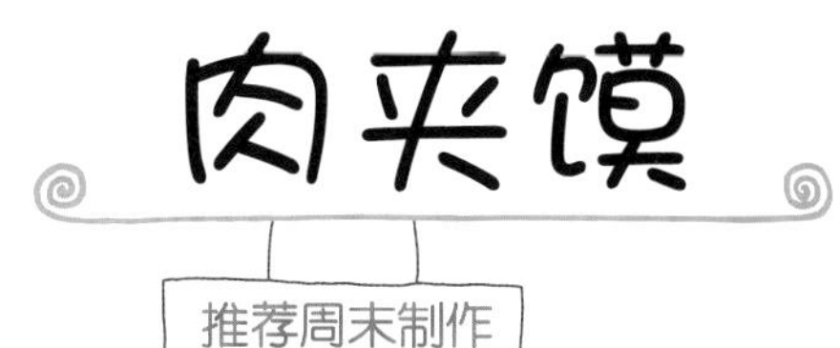

准备好

面团材料：

面粉……250克
酵母……2克
植物油……1大匙

配料：

带皮前腿猪肉……250克
香菜……3根
青椒……1/2个
冰糖……1小匙
盐……1匙
老抽……1大匙
生抽……2匙
小葱……2根
姜……2片

炖肉料：

桂皮……1小块
八角……1颗
草果……1颗
肉豆蔻……1颗
良姜……1小块
丁香……5粒
花椒……10粒
陈皮……2块
白芷……2块
香叶……3片

妈妈这样做

面馍处理

1. 将面团材料放入盆中，倒入110毫升温水，用筷子将面粉搅拌成雪花状，用手揉成光滑的面团。盖上保鲜膜，放在室温下醒发至2倍大。

2. 取出醒发好的面团，揉至表面光滑分成9份。取一份面团滚圆后，用擀面杖擀成圆面饼，依次处理剩下面团。

3. 取不粘平底锅不放油，将饼坯放入锅中烙成两面金黄色。

馅料处理

1. 猪肉放入锅中焯烫5分钟，洗去浮沫，另取高压锅，将焯烫好的猪肉放入锅中，倒入足量清水煮沸。

2. 放入盐、小葱、姜、生抽、老抽、冰糖，再用纱布包好炖肉料放入锅中，小火炖煮2小时。

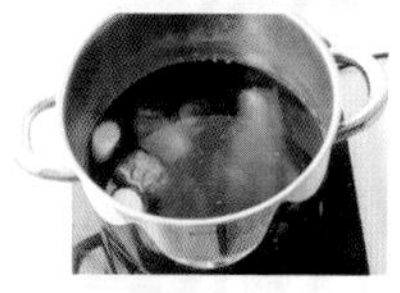

3. 取香菜、青椒洗净切碎；将炖好的肉切成肉末。三者混合拌匀，再拌上炖肉汤汁。

4. 面饼用刀切开口子，夹入馅料即可。

胡萝卜肉丝饼

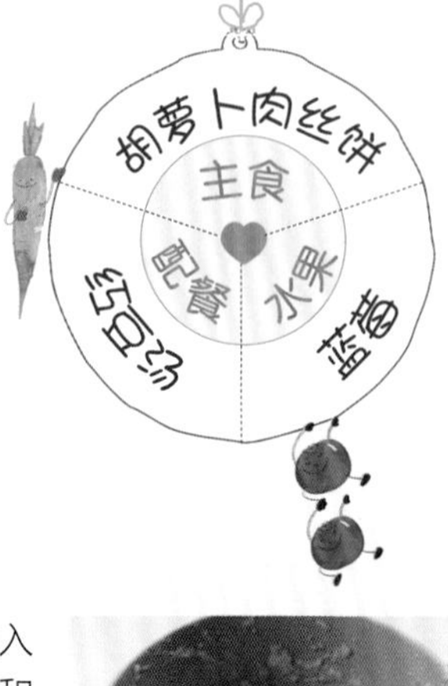

准备好

熟瘦肉丝……50克
面粉……100克
胡萝卜……1/4根
橄榄油……1/2匙
盐……少许

妈妈这样做

1. 胡萝卜洗净擦成丝，加入炒熟的肉丝、面粉、盐和适量清水，调成面糊，搅拌均匀。

2. 煎锅内倒入橄榄油，烧至五六成热。舀一大勺面糊放入煎锅中，摊成厚约半厘米的圆饼状。

3. 煎至面糊凝固后，翻一面，煎至两面金黄即可。

搭配 红豆汤

红豆80克，白糖适量。将红豆洗净，泡发一晚（天热须放入冰箱），加水用大火煮沸后，用小火煮烂，加白糖调味即可。用电饭锅炖煮可节约时间。

玉米蒸肉饼

早起 15 分钟

妈妈这样做

1

将肉末放入大碗内，加入玉米粒、葱姜末、盐、料酒、生抽和芝麻油。

2

用筷子搅打至肉馅上劲，将拌好的肉馅分装在2个碗中，中间挖一个小洞。

3

打入鸡蛋，让蛋黄刚好处在小洞的位置处，放入蒸锅中，蒸15~20分钟即可。

准备好

猪肉末……250克　鸡蛋……2个

玉米粒……100克　葱姜末……少许

生抽……1匙　盐……3克

料酒……1匙　芝麻油……1匙

第五章

吃了馒头、包子一上午不饿肚子

15 分钟

7:00 蒸馒头　7:03 转中火　7:15 馒头取出，摆盘。

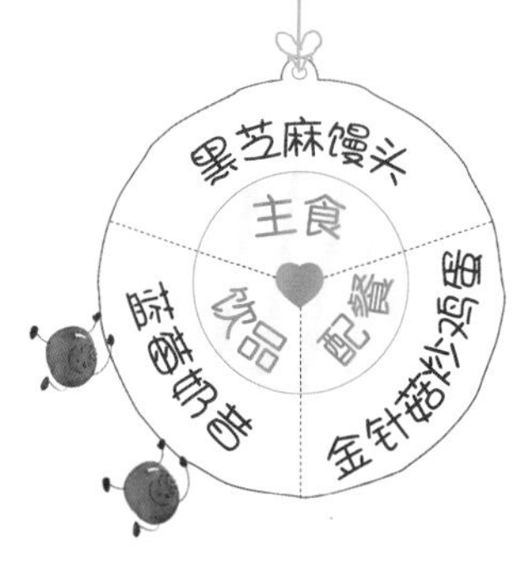

黑芝麻馒头套餐

早起15分钟

准备好

面粉……250克
熟黑芝麻粉……15克
白糖……7克
即发干酵母……3克
牛奶……125毫升

妈妈这样做

1. 提前一晚做好馒头。将酵母、白糖用牛奶溶解后倒入面粉，揉成面团，加入黑芝麻粉揉匀，盖保鲜膜醒发至2倍大。

2. 将面团分成6等份，揉圆成馒头坯排放在铺上湿纱布的蒸锅里。盖上锅盖，二次醒发30分钟后取出。

3. 将馒头放在蒸锅中，大火烧上汽后转中火蒸约15分钟，关火闷3分钟。放凉后放入冰箱冷藏。做早餐时取出，用蒸锅蒸15分钟左右即可。

金针菇炒鸡蛋

同时做

准备好

金针菇……1把
鸡蛋……2个
植物油……1大匙
盐……1小匙
葱花……适量

妈妈这样做

1. 将金针菇切去根部洗净，然后放入锅内用开水焯烫至变软后捞出沥干水分，切成小段，鸡蛋打散成蛋液。
2. 锅里倒入植物油烧热，倒入蛋液炒成碎块后盛出待用。
3. 锅里留底油，放入葱花爆香，放入金针菇快速翻炒1~2分钟，加盐调味，再放入炒好的鸡蛋，翻炒均匀。

80 分钟

7:00 准备食材　7:40 取发酵好的面团，擀皮包肉包，中火蒸　8:20 关火闷 3 分钟，摆盘

8:10 启动豆浆机，煮豆奶

香菇酱肉包套餐

推荐周末制作

准备好

面团材料：

面粉……250克

即发干酵母……3克

馅料材料：

猪肉末……150克

干香菇……6朵

料酒……1/2匙

老抽……1/2匙

甜面酱……2匙

生抽……2匙

葱姜末……适量

妈妈这样做

1. 将酵母用135毫升温水溶解后加入面粉中，揉成光滑的面团，盖上湿布放在温暖处发酵至2倍大。

2. 猪肉末加入甜面酱、生抽、老抽、料酒和清水，用筷子顺一个方向搅打均匀，至肉馅上劲，加入葱姜末、切碎的泡发香菇，搅拌均匀。

3. 取面团分成8份，用擀面杖擀成四周薄中间厚的面皮，将肉馅放在面皮上，顺时针捏紧收口。

4. 大火烧上汽后转中火蒸15分钟，关火闷3分钟。

花生红枣豆奶

同时做

准备好

花生……20克

黄豆……50克

红枣……30克

牛奶……200毫升

妈妈这样做

1. 黄豆提前一晚用清水泡发好；红枣去核。
2. 将红枣、黄豆、花生放入豆浆机内，加入足量清水，启动“豆浆”模式。
3. 豆浆煮好后过滤出渣，加入温热的牛奶即可。

早起 25 分钟

红枣玉米窝窝头

准备好

玉米面粉	150克	红枣	40克
面粉	50克	白糖	15克
牛奶	150毫升	植物油	1匙

妈妈这样做

① 

将面粉、玉米面粉、白糖混合，倒入牛奶拌匀；红枣去核切碎，加入玉米面中。

② 

用手揉成面团，盖保鲜膜让面团发酵10分钟。取一小块发酵好的玉米面团，揉圆，用拇指戳一个洞。

③ 

先开大火烧开蒸锅中的水，再取窝头坯放入刷了油的盘中，待水沸腾后放入，约15分钟即可。

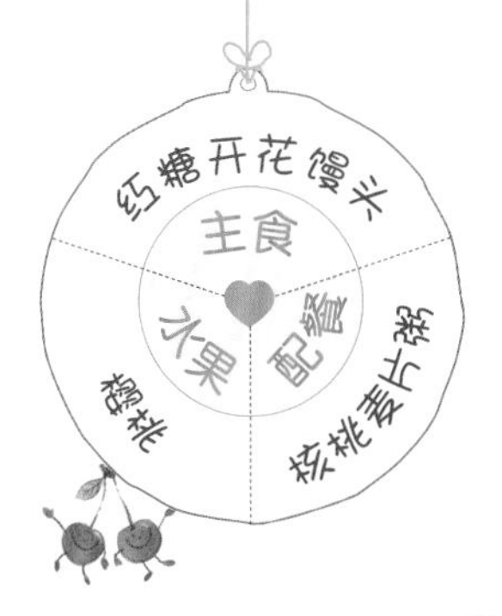

红糖开花馒头

早起10分钟

妈妈这样做

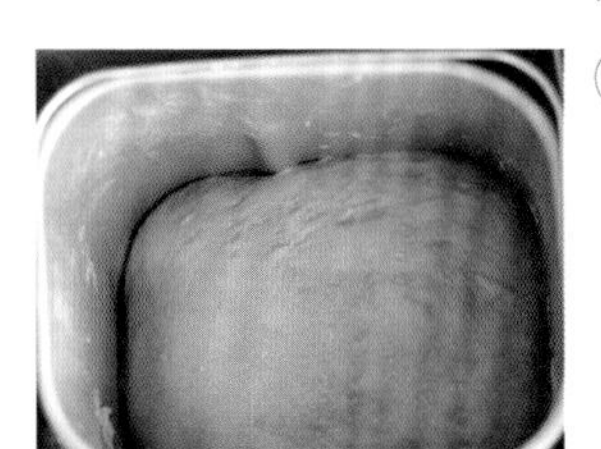

1. 提前一晚做好馒头。将所有材料混合，加125毫升清水揉成光滑的面团，放在温暖处发酵至2倍大。

2. 取出发酵好的面团再次揉匀，分成12个小剂子揉圆，取出一个面团剂子，在表面用刀画十字刀口，依次处理。

3. 排放在铺了湿纱布的蒸锅里，盖上锅盖醒发30分钟。

4. 蒸锅里加入足量清水，将馒头放于蒸锅中，大火蒸至上汽后转中火蒸约12分钟，关火后再闷3分钟。放凉后放入冰箱冷藏，做早餐时取出加热即可。

准备好

面粉……250克
红糖……70克
酵母……3.5克

搭配 核桃麦仁粥

糯米60克，麦仁20克，核桃40克，冰糖适量。将麦仁、糯米淘洗干净，用清水浸泡2小时，锅里倒水煮沸，放入糯米、麦仁、核桃，大火煮沸后转小火煮30分钟，煮至粥软烂黏稠，加冰糖调味即可。

25分钟

7:00 切馒头片 压枣泥 7:05 裹蛋液 蒸山药 7:15 煎馒头片 7:25 摆盘上桌 按压成形

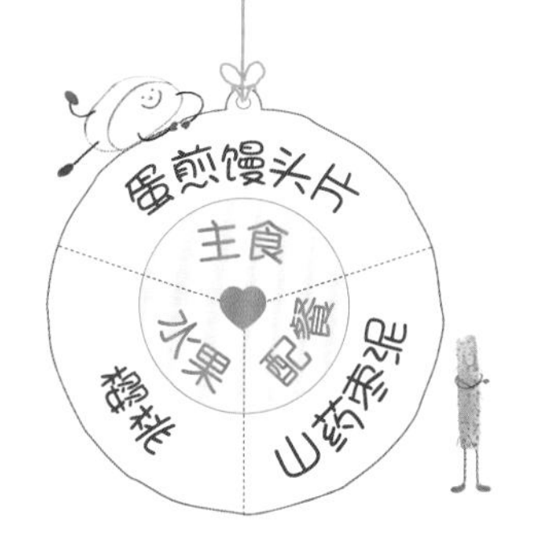

蛋煎馒头片套餐

早起 25 分钟

准备好

- 馒头……1个
- 鸡蛋……2个
- 植物油……1匙
- 黑芝麻……3克
- 盐……1克

妈妈这样做

1. 鸡蛋加适量盐打散成蛋液，再将馒头切成约1厘米厚的馒头片。

2. 将馒头片放入鸡蛋液中，均匀地裹上一层蛋液。

3. 平底锅倒油烧热，放入裹上蛋液的馒头片，撒上黑芝麻，中小火煎至两面金黄即可。

山药枣泥

同时做

准备好

- 山药……1段
- 红枣……20~30颗

妈妈这样做

1. 红枣在前一晚用清水浸泡1小时后去核，放入锅中煮至熟软，待早餐取用。
2. 把红枣放在筛网上，用勺子按压过筛，过筛出枣泥备用。
3. 山药去皮切片，蒸至完全熟软，碾压成山药泥，取一个心形模具，先后填入山药泥和红枣泥，最后再填一层山药泥即可。

1

2

3

蝴蝶卷

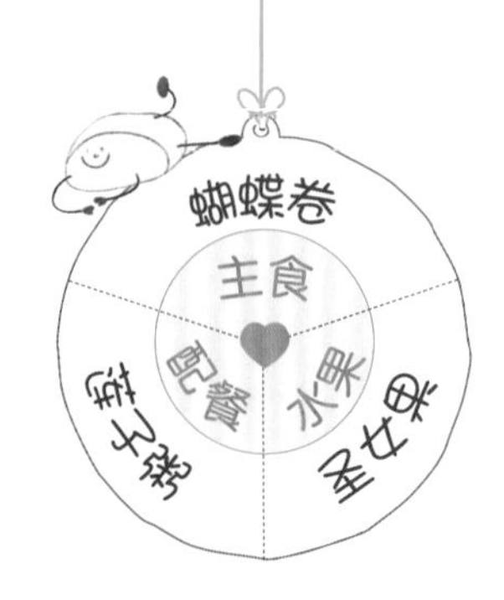

准备好

面粉……250 克
牛奶……135 毫升
酵母……3 克
奶酪……1 片
海苔……1 片
白菜叶……1 片
胡萝卜……1 片
火腿肠……1 根
小葱……1/2 根
植物油……1 匙

妈妈这样做

1. 提前一晚做好蝴蝶卷。将面粉、牛奶和酵母放入盆内，搅拌均匀，揉成光滑的面团，蒙上保鲜膜，放在温暖处发酵至 2 倍大。

2. 发酵好后，撒少许面粉，将面团再次揉匀，分成 6 个面团，分别搓成长条状，从两端处卷圆圈。

3. 用筷子在圆圈中间部位紧紧地夹起来，做出蝴蝶翅膀，截断中间面团，做出蝴蝶触须。蒸锅刷油，摆放蝴蝶卷，醒发 30 分钟。

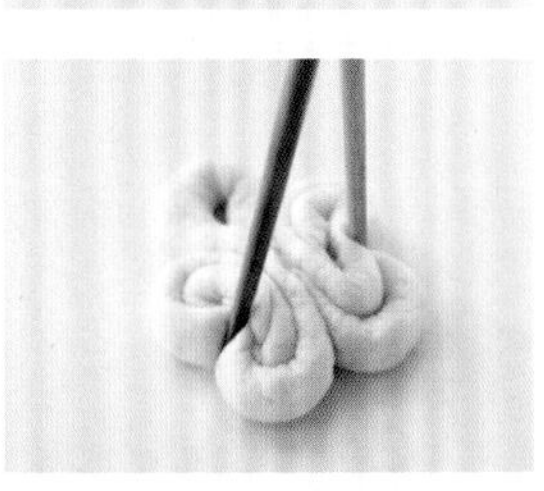

4. 放入蒸锅大火上汽，转中火蒸 12 分钟，关火后闷 3 分钟。放凉后放入冰箱冷藏，第二天早上可在蒸熟后用奶酪、海苔、白菜叶、胡萝卜、火腿肠和小葱作简单装饰。

奶黄玉兔包

早起 20 分钟

妈妈这样做

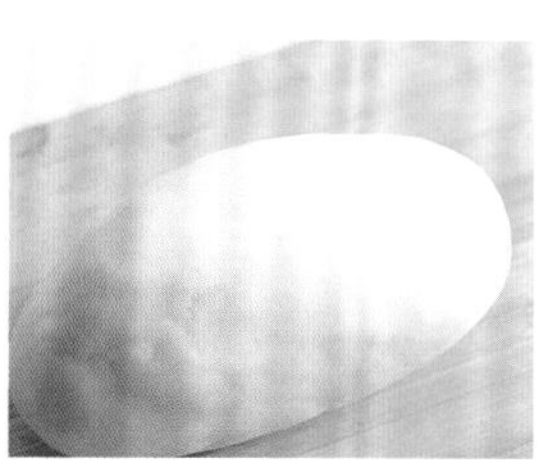

1. 提前一晚做好玉兔包。用温水将酵母溶化后加入面粉中，再加入盐、白糖和牛奶，搅拌均匀，揉成光滑的面团，蒙上保鲜膜，发酵至2.5倍大。

2. 将发酵好的面团揉匀排气，切成8等份，擀成8张面皮。

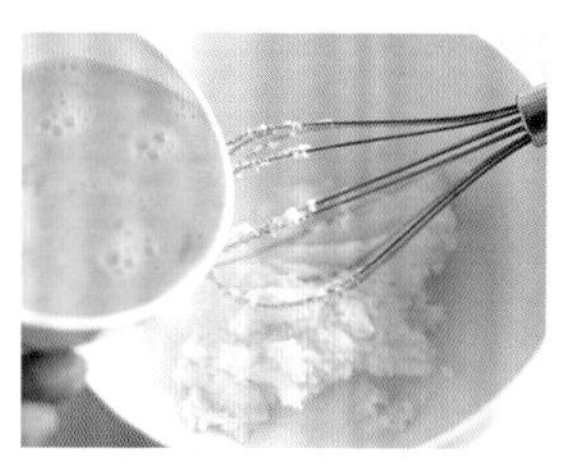

3. 黄油室温软化后打散，分2次加白糖打至松发，再倒入打好的鸡蛋液，分3次筛入玉米淀粉和配方奶粉，搅匀后加入适量牛奶。

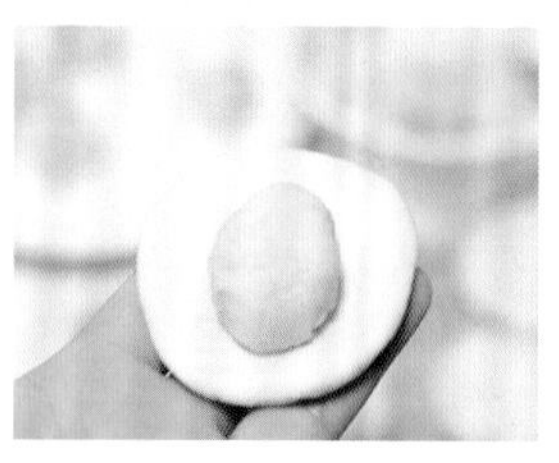

4. 中火隔水蒸25分钟，不断搅动直至凝固，取出晾凉制成奶黄馅，包入面皮，捏成橄榄球状。

5. 用厨房专用剪刀剪出两只耳朵，再取胡萝卜碎装饰成眼睛，放锅内蒸20分钟即可，放凉后放入冰箱冷藏。第二天早上用蒸锅蒸15分钟即可。

准备好

- 面粉……250克
- 黄油……35克
- 玉米淀粉……35克
- 配方奶粉……40克
- 白糖……60克
- 酵母……3克
- 牛奶……185毫升
- 鸡蛋……2个
- 胡萝卜碎……少许
- 盐……适量

小猪豆沙包

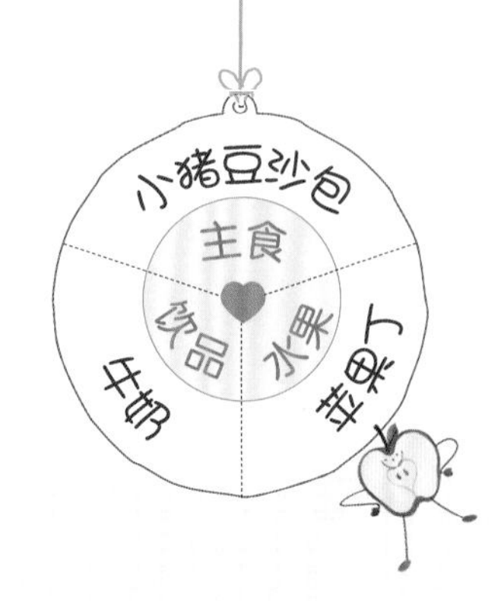

准备好

面粉……………………250 克

酵母粉……………………3 克

白糖……………………5 克

豆沙馅……………………50 克

熟绿豆……………………15~20 颗

妈妈这样做

① 提前一晚做好豆沙包。将面粉和白糖放入盆中拌匀，将酵母粉放于135毫升温水中溶化，倒入盆中搅拌均匀，揉成面团。蒙上保鲜膜醒发至2倍大。

② 将发好的面团揉搓成长条，再分成16等份擀成饼状，放上豆沙馅，捏紧包圆。

③ 取一块面团压扁蘸水，粘在豆沙包上，用筷子戳出鼻孔，再搓两小块面团做小猪耳朵，用绿豆作为小猪眼睛。将小猪面团放于蒸锅里醒发30分钟。

④ 将面团坯放置于蒸锅内，用大火蒸15分钟，关火后闷5分钟取出放凉冷藏，第二天早餐时，将豆沙包放入蒸锅蒸15分钟左右即可。

肉龙

推荐周末制作

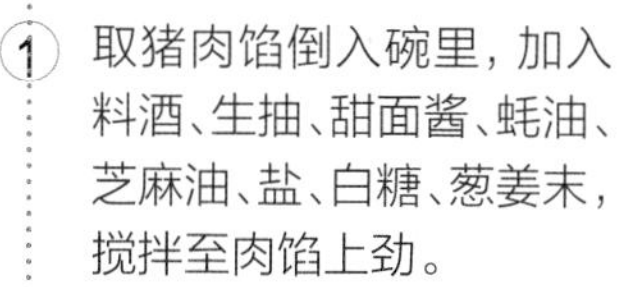

妈妈这样做

① 取猪肉馅倒入碗里，加入料酒、生抽、甜面酱、蚝油、芝麻油、盐、白糖、葱姜末，搅拌至肉馅上劲。

② 用260毫升温水将酵母溶化，倒入面粉中，搅拌均匀，和成光滑的面团。蒙上保鲜膜醒发至2倍大。

③ 案板上撒少许干面粉，将面团分成2份，分别擀成大的薄片，铺上拌好的肉馅，将面片折叠起来，捏紧封口处。

④ 放在铺上湿纱布的蒸锅里醒发10分钟，蒸锅里倒入凉水，大火上汽后，蒸15分钟，关火后不揭盖，继续闷3分钟即可。取出放凉后切段食用。

准备好

面粉……200克
猪肉馅……120克
酵母……4克
甜面酱……2匙
生抽……1匙
蚝油……1匙
芝麻油……1匙
料酒……1小匙
白糖……1小匙
葱姜末……适量
盐……少许

7:00 准备食材　7:05 切藕丁与雪梨丁　7:11 制作豆浆　7:25 摆盘上菜

烤制馒头片

葱烤馒头片套餐

早起 25 分钟

准备好

白馒头……2个
小葱……6根
盐……2克
植物油……1匙

妈妈这样做

1. 准备好白馒头；小葱洗净切葱花，加适量盐拌匀。

2. 把馒头切成片，正反面各刷一层油，撒上葱花。

3. 烤箱温度至200℃，时间10~12分钟，至馒头片表面微微金黄即可。

莲藕雪梨豆浆

同时做

准备好

黄豆……50克
莲藕……50克
雪梨……1个
冰糖……5克

妈妈这样做

1. 黄豆提前一晚泡发；莲藕洗净，去皮，切小丁；雪梨去皮，去核，切小块。
2. 将黄豆、冰糖放入豆浆机内，加入足量清水，启动“豆浆”模式。莲藕、雪梨倒入料理机，加入清水，搅打成蔬果汁。
3. 豆浆、蔬果汁混合搅拌。

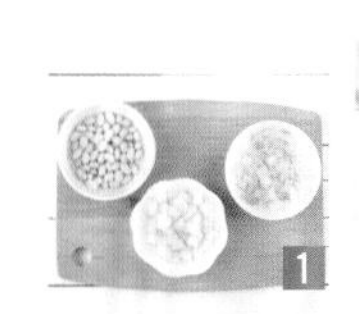

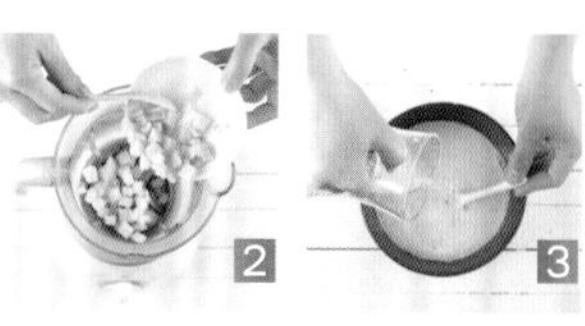

30分钟

7:00 准备食材　蒸红薯发糕

7:05 打散鸡蛋，煮汤

7:10 淋入蛋液，打蛋花

7:30 发糕蒸熟，摆盘上桌

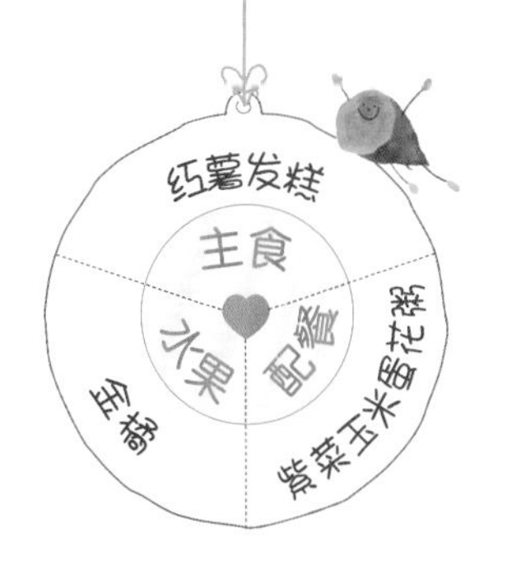

红薯发糕套餐

早起30分钟

准备好

红薯……1个
面粉……280克
白糖……25克
即发干酵母……3克
葡萄干……适量
植物油……1匙

妈妈这样做

1. 提前做好红薯发糕。红薯去皮切成片，蒸熟后用勺子按压成红薯泥。

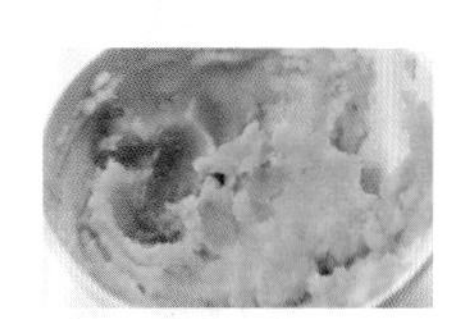

2. 将红薯泥、白糖、温水、酵母混合，加入面粉，拌匀。容器刷一层油，将面糊铺平在容器内，撒上葡萄干做点缀，盖上保鲜膜发酵。

3. 蒸锅里加足量的清水，将发糕坯放入蒸锅，大火煮开后，转中火蒸约25分钟，关火后闷5分钟即可，稍晾后可放入冰箱冷藏。做早餐时取出放在蒸锅上蒸15分钟左右。

紫菜玉米蛋花粥

准备好

紫菜……50克
玉米粒……50克
鸡蛋……1个
植物油……1匙
盐……少许
葱姜末……适量

妈妈这样做

1. 紫菜、玉米粒洗净；鸡蛋打散备用。
2. 油锅烧热，爆香葱姜末，倒入足量清水，放入紫菜和玉米粒煮熟。
3. 淋入鸡蛋液打成蛋花，最后加盐调味。

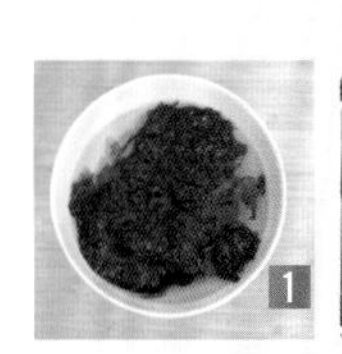

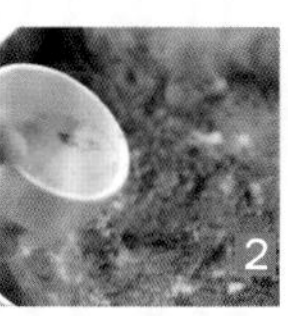

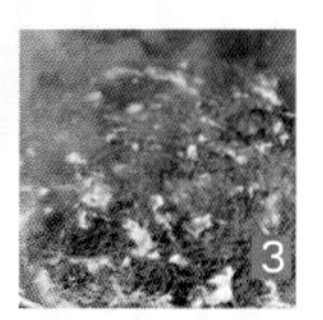

第六章
花样米饭 心里有阳光

蛋包饭

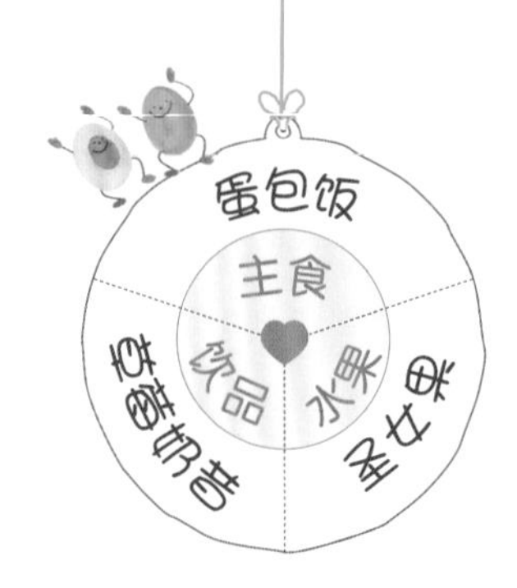

准备好

鸡蛋……2个
米饭……1小碗
鸡胸肉……1小块
番茄酱……1匙
豌豆粒……15克
玉米粒……10克
盐……少许
白胡椒粉……少许
植物油……1匙
葱花……适量

妈妈这样做

1. 将鸡胸肉洗净后切成小丁，加少许盐和白胡椒粉腌10分钟；再将鸡蛋加少许盐打散成蛋液。

2. 炒锅倒油烧热，爆香葱花，加入鸡肉丁炒至变色；加入玉米粒、豌豆粒与米饭翻炒，出锅前加少许盐调味。

3. 另取锅倒油烧热，淋入蛋液摊成蛋皮，在蛋皮一侧放上炒好的米饭；将蛋皮对折装盘，淋上番茄酱即可。

搭配 草莓奶昔

牛奶、酸奶各200毫升，草莓10个、盐适量。草莓用淡盐水浸泡10分钟后冲洗干净，去蒂；将牛奶和酸奶混合倒入料理机内，加入去蒂的草莓，启动料理机，搅打均匀即可。

红豆大米饭

早起20分钟

准备好

红豆……………………………1/2碗

大米……………………………1/2碗

妈妈这样做

① 提前将红豆洗净后，置于清水中浸泡一夜。

② 将泡好的红豆倒入锅里，加入没过红豆的足量清水，大火煮开后再转小火煮10~15分钟，煮至红豆略微膨胀，用手指可以碾碎的状态关火。

③ 将红豆与洗净的大米一起倒入电饭锅内。

④ 倒入煮红豆的水，启动电饭锅煮饭模式，等待饭煮熟就可以了。

奶味水果饭

准备好

- 大米……50克
- 牛奶……400毫升
- 圣女果……3个
- 冬枣……3个
- 猕猴桃……1个
- 苹果……1/2个
- 蔓越莓果干……适量

妈妈这样做

1. 将大米洗净，用清水浸泡10分钟后倒入锅中，加水大火煮沸转中火继续煮5分钟。

2. 取出锅中大米沥干水分，重新放入锅中，倒入牛奶，开小火煮10分钟，边煮边搅拌至奶液被煮干。

3. 将准备好的水果洗净，切成小丁，待饭冷却后，将水果丁和蔓越莓果干一起拌入米饭。

搭配 烤胡萝卜

手指胡萝卜250克，橄榄油1匙，盐少许，黑胡椒粉适量。手指胡萝卜洗净备用；锅加水烧开后加适量盐，放入胡萝卜焯烫，捞出沥水。在胡萝卜表面刷上橄榄油，撒上盐、黑胡椒粉，铺在烤盘中，烤箱提前预热180℃，烤制时间15分钟。

彩虾牛肉软米饭

早起 20 分钟

妈妈这样做

1. 牛肉煮熟后，剁成肉泥；所有蔬菜洗净后，分别切碎末。

2. 紫甘蓝、南瓜、四季豆末和牛肉泥中分别加入糙米粉与少许盐，搅拌均匀。

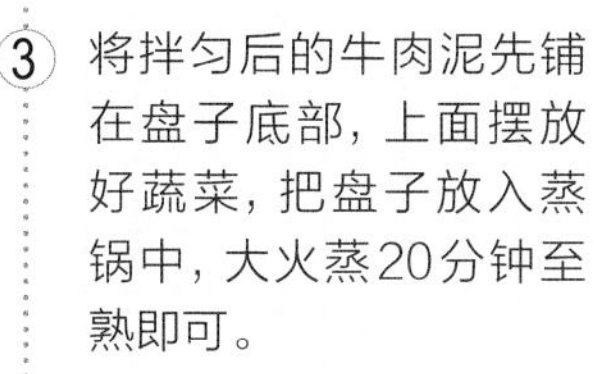

3. 将拌匀后的牛肉泥先铺在盘子底部，上面摆放好蔬菜，把盘子放入蒸锅中，大火蒸20分钟至熟即可。

准备好

糙米粉	100克
紫甘蓝	10克
南瓜	20克
四季豆	15克
牛肉	20克
盐	少许

搭配 番茄蛋汤

鸡蛋、番茄各1个，葱花、植物油、盐、白糖各适量。番茄洗净去蒂，对半剖开，切块备用；炒锅倒油烧热，放入番茄翻炒，加适量清水，煮开后转中火继续煮3~5分钟，转小火，将打散的蛋液放入锅中，加白糖、盐调味，撒上葱花即可。

20分钟

7:00 准备食材 7:05 煮豌豆 做番茄炒饭 7:20 豌豆煮熟 炒饭炒匀，摆盘

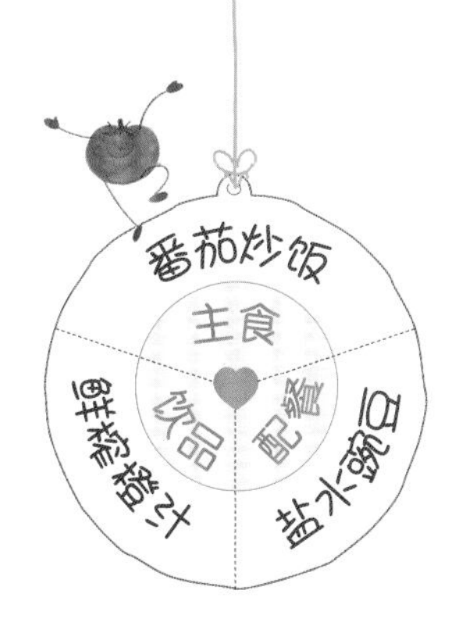

番茄炒饭套餐

早起 20 分钟

准备好

米饭……………………1碗
番茄……………………1个
鸡蛋……………………1个
植物油…………………1匙
葱花……………………5克
盐………………………1克

妈妈这样做

1. 炒锅里放油烧热，倒入打散的鸡蛋液，炒散后盛出。

2. 锅里留底油，转中小火放入去皮切块的番茄，炒至番茄稍微糊化，出红汤。

3. 加入米饭一起翻炒均匀，再加入鸡蛋同炒，最后撒葱花，加盐调味，炒匀出锅。

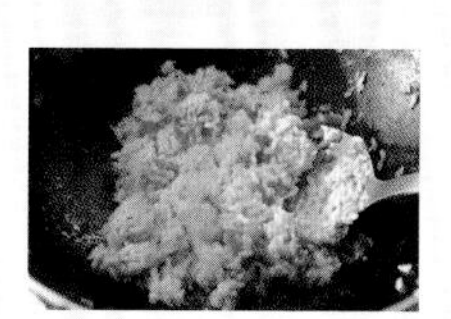

盐水豌豆

同时做

准备好

新鲜带壳豌豆…………300克
八角……………………2个
小葱……………………1根
姜………………………2片
盐………………………2克

妈妈这样做

1. 将豌豆放在淡盐水中浸泡10分钟后，冲洗干净，稍稍剪去两头，小葱洗净，切段。
2. 放入锅中，加入刚好能没过豌豆的凉水，放入葱段、姜片、八角和盐。
3. 大火煮开后，转中小火煮约5分钟至熟即可。

1

2

3

青菜海米烫饭

准备好

海米……………………20克
青菜……………………1小把
米饭……………………1小碗
芝麻油…………………1小匙
盐………………………2克

妈妈这样做

① 海米提前用温水浸泡2小时，捞出沥水；青菜洗净，焯烫30秒后捞出，过凉水后沥干切碎。

② 锅里倒清水，煮至沸腾后加入米饭，大火煮开后转中小火，约煮20分钟，至米粒破开，汤水变得黏稠。

③ 放入青菜碎和海米煮熟，加盐调味，再淋1小匙芝麻油即可。

搭配 鸡蛋卷

鸡蛋1个，中筋面粉30克，盐少许，植物油适量。
鸡蛋打散，加入面粉和盐，搅拌均匀；锅内刷一层薄油，淋入面糊，转一圈，使面糊铺开，煎至两面金黄后盛入碗中，卷起切小块。

翡翠肉松菜饭

早起 15 分钟

妈妈这样做

①

大米淘洗干净，放入电饭锅，加入少许橄榄油，开始煮饭。

②

将青菜洗净切碎，大米快煮熟时加入青菜碎拌匀，继续焖煮至米饭煮熟。

③

将胡萝卜片剪成心形，垫在容器底部，将米饭装入容器内压平，肉松和米饭叠加，米饭压紧实，将容器倒扣在盘子里即可。

准备好

大米……100 克　肉松……适量

青菜……2 棵　橄榄油……1 匙

煮熟的胡萝卜……1 片

糯米鸡肉卷

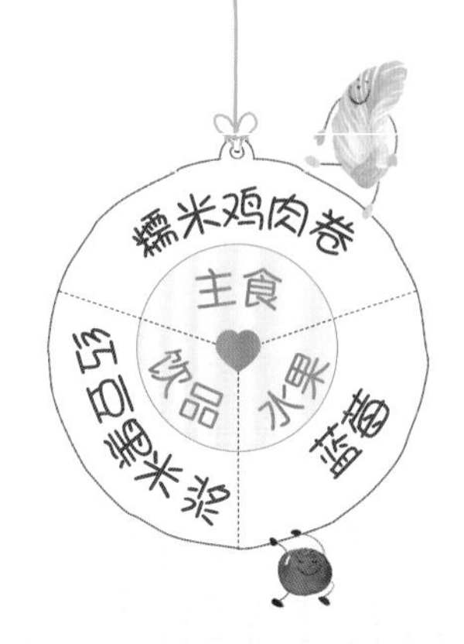

准备好

鸡腿……2个
糯米……1小碗
胡萝卜……1/4根
生抽……1大匙
白糖……1/4小匙
料酒……1小匙
干淀粉……3克
白胡椒粉……3克
盐……2克
植物油……1匙

妈妈这样做

1. 将鸡腿剔去骨头，用肉锤或者刀背拍打，将鸡腿肉拍至面积变大。

2. 在处理好的鸡腿肉上撒盐和白胡椒粉，用料酒腌制20分钟；将糯米泡软，用电饭锅煮成糯米饭；胡萝卜切碎，备用。

3. 炒锅里倒油烧热，放入切碎的胡萝卜末煸炒1分钟，倒入糯米饭，加生抽、白糖、盐拌匀关火。

4. 将鸡腿肉铺在锡纸的亚光面上，撒上干淀粉，铺上搅拌好的糯米饭，卷成筒状。用锡纸包裹住鸡腿肉，两端捏紧。

5. 放入蒸锅蒸20分钟，脱去锡纸，取出蒸熟的鸡肉卷切块。

香菇鸡腿饭

早起 25 分钟

准备好

米饭……1小碗
胡萝卜……1根
鸡腿……3个
干香菇……10朵
葱姜末、植物油……各适量
蒜……2瓣
生抽……2匙
料酒……1/2匙
老抽、盐……各适量

妈妈这样做

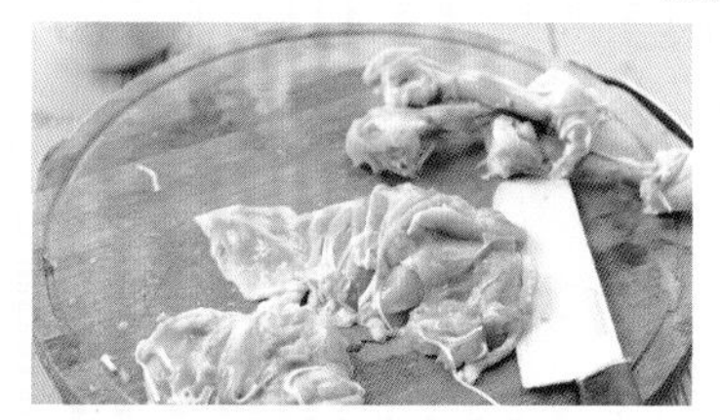

① 将鸡腿去骨后切小丁，加盐、生抽、料酒拌匀腌15分钟；干香菇泡发洗净切丁。

② 炒锅倒油烧热，放入葱姜末、蒜末爆香，放入腌好的鸡腿丁，翻炒至变色，加入香菇丁、胡萝卜丁翻炒均匀。

③ 将鸡腿丁倒入电饭锅，加入泡发香菇的水、盐、生抽、老抽翻炒均匀，盖上锅盖，焖煮至煮沸后关火，盛出部分汤汁备用。

④ 取1小碗米饭放入电饭锅内，与烧好的香菇鸡丁拌匀，加入汤汁，启动电饭锅，将饭煮熟即可。

紫米饭团

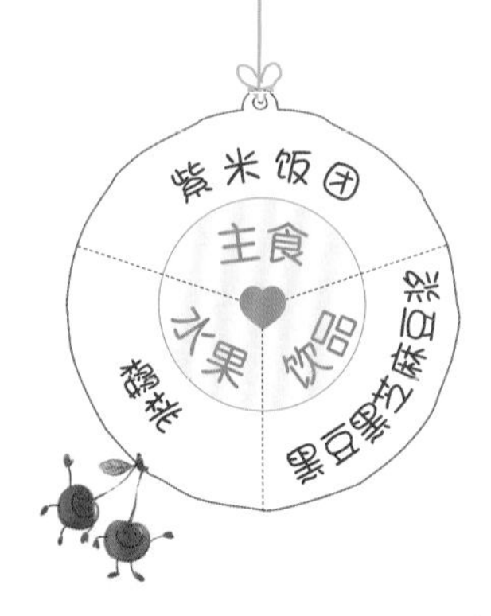

准备好

紫糯米……………………75克
糯米………………………75克
油条…………………………2根
肉松………………………15克
萝卜干……………………10克

妈妈这样做

1. 将紫糯米和糯米混合，提前浸泡2小时，加入适量清水煮熟。用高压锅煮得更快一些。

2. 准备好萝卜干、油条和肉松，保鲜膜上铺上紫米饭，再铺上肉松。

3. 撒上萝卜干，放上油条，卷起来，捏紧后撕开保鲜膜即可。

搭配 黑豆黑芝麻豆浆

黑豆30克，黑芝麻20克。将黑豆洗净，泡发，黑芝麻淘洗干净，一起放入豆浆机中，加入足量清水，启动“豆浆”功能即可。

南瓜杂粮软米饭

早起 35 分钟

妈妈这样做

1

提前将大米淘洗干净，薏米、玉米楂和小米泡涨，葡萄干切成细末。

2

将南瓜洗净，切去顶部，挖去内瓤，做成南瓜碗。将泡好的食材和葡萄干、大米混合，装入南瓜碗里。

3

盖上南瓜盖，放入蒸锅中，蒸至米饭熟软。

准备好

南瓜……………………2个　玉米楂………………10克
大米……………………50克　小米………………20克
葡萄干……………………20克　薏米………………20克

五谷虾球

准备好

五谷米……100克
基围虾……5~6只
小葱……2根
姜……2片
盐……3克

妈妈这样做

1. 在前一晚将五谷米淘洗干净，用清水浸泡。

2. 取泡好的米放入电饭锅内，加入适量清水，按下煮饭功能，煮熟，煮饭时可以将小葱洗净，切段，姜洗净。

3. 锅里倒入清水，放入基围虾、葱段和姜片，加少许盐，煮熟后将虾捞出，沥干水分。

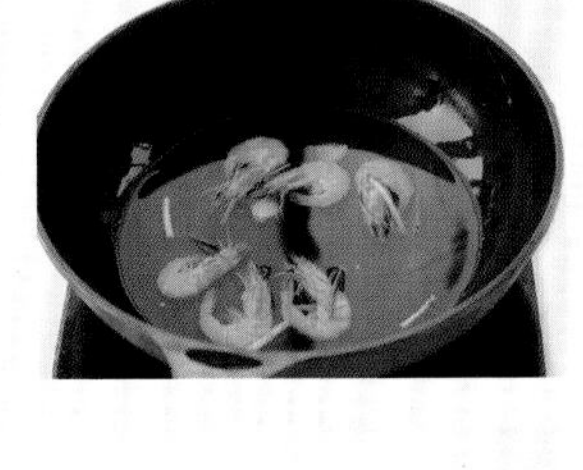

4. 剥去虾壳，保留虾尾。戴上一次性手套，取适量米饭放在掌心，再放上虾仁，用手包捏成饭团，注意把虾尾露在外面即可。

胡萝卜牛肉软米饭

早起25分钟

妈妈这样做

1. 牛肉切成小粒，加土豆淀粉、橄榄油拌匀；洋葱、胡萝卜、山药分别洗净，切小丁。

2. 锅里倒少许植物油，放入洋葱丁炒香，再放入牛肉粒炒变色，最后放入胡萝卜丁、山药丁，翻炒均匀。

3. 大米和小米淘洗干净，在炒菜的同时放入电饭锅蒸熟。食材炒好后铺在米饭上，继续蒸5分钟即可。

准备好

大米	50克
小米	20克
牛肉	30克
胡萝卜	1/3根
山药	1小段
洋葱	1/5个
橄榄油	1匙
土豆淀粉	5克
植物油	少许

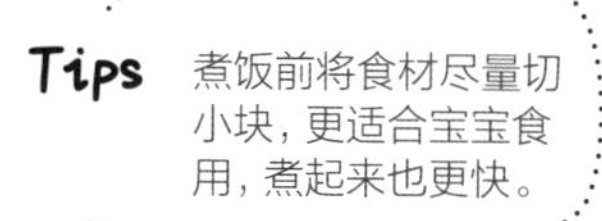

Tips 煮饭前将食材尽量切小块，更适合宝宝食用，煮起来也更快。

35
分钟

7:00 准备食材　7:10 炒菜　7:20 烤饭　7:35 摆盘

菠萝稍煮

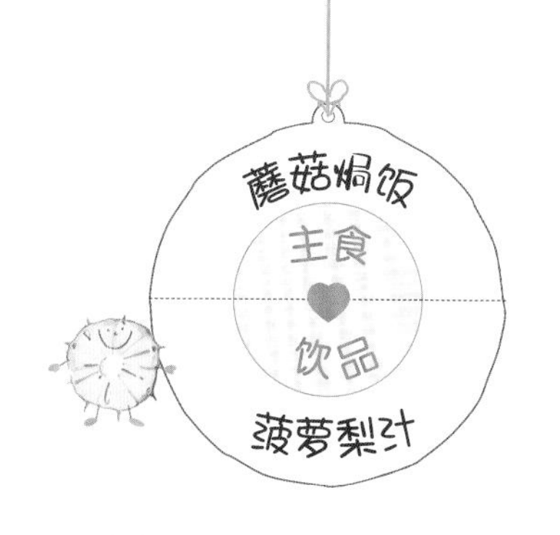

蘑菇焗饭套餐

早起 35 分钟

准备好

口蘑……100克
洋葱……30克
豌豆（熟）……20克
马苏里拉芝士……50克
鸡腿……1个
米饭……1碗
淡奶油……50毫升
橄榄油……1匙
盐……2克
黑胡椒粉……3克

妈妈这样做

1. 口蘑洗净切片，马苏里拉芝士擦成丝，洋葱切小块；将鸡腿剔去骨头，鸡肉切丁，加盐、黑胡椒粉腌制一会儿。

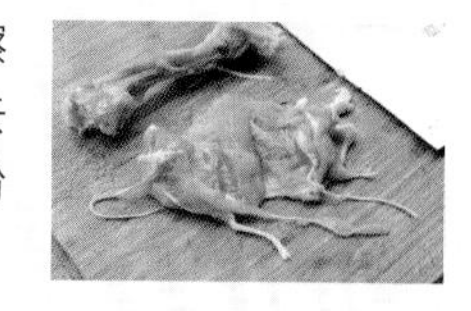

2. 锅里倒橄榄油烧热，放入洋葱炒至颜色透明；加入鸡腿肉炒至变色，加入口蘑和豌豆，炒至口蘑变软时倒入淡奶油，加盐调味。

3. 米饭铺在烤碗里，浇上菜肴，撒上马苏里拉芝士，放入烤箱中层200℃预热，烤约10分钟，烤至芝士熔化。

菠萝梨汁

准备好

菠萝……50克
雪梨……50克

妈妈这样做

1. 菠萝去皮，切成小块，放入锅中稍煮，去除涩味，捞出沥水备用。
2. 雪梨去皮、去核，切小块。
3. 将煮过的菠萝块和雪梨块一起放入榨汁机中，加入200毫升温水榨汁，用筛网过滤出汁即可。

1

2

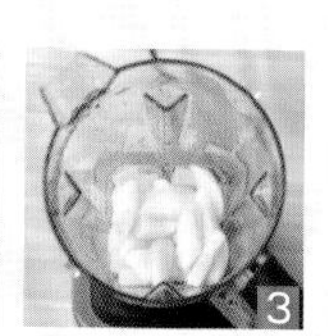
3

7:00 准备食材　7:05 冬瓜切块，煮丸子汤　7:11 做炒饭　7:20 丸子汤出锅　炒饭摆盘

玉米蛋炒饭套餐

早起 20 分钟

准备好

豌豆……10 克
玉米粒……30 克
米饭……1 碗
鸡蛋……1 个
植物油……1 匙
生抽……1/2 匙
盐……2 克

妈妈这样做

1. 将豌豆和玉米粒分别用开水焯烫后捞出，沥干水分；鸡蛋打成蛋液备用。

2. 炒锅里倒油烧热，倒入蛋液炒成鸡蛋碎，加入豌豆、玉米粒一起翻炒，再加入米饭炒散。

3. 翻炒均匀后，淋半匙生抽翻炒均匀，最后加少许盐调味即可。

冬瓜丸子汤

同时做

准备好

冬瓜……150 克
猪肉馅……150 克
鸡蛋清……1 个
料酒……1/2 小匙
盐……3 克
芝麻油……1 小匙
葱花、姜末……各适量

妈妈这样做

1. 将冬瓜削去皮挖去内瓤，切成厚约0.5厘米的薄片。
2. 猪肉馅里加入鸡蛋清、姜末、料酒、盐，用筷子顺一个方向搅拌至肉馅上劲、变黏稠。
3. 锅里加入水和姜片，大火煮开。两手蘸清水将肉馅捏成丸子，放入锅内，再放入冬瓜片同煮，至冬瓜颜色变透明，加入葱花、盐、芝麻油调味。

1

2

3

7:00 准备食材 7:05 焯烫青豆 7:11 泡菠萝 7:21 炒菠萝饭 7:25 摆盘

翻炒芦笋与口蘑 煮汤

菠萝饭套餐

早起 25 分钟

准备好

- 菠萝……1个
- 鸡蛋……1个
- 红椒……1/2个
- 虾仁……100克
- 米饭……1碗
- 青豆……20克
- 熟杏仁……10粒
- 生抽……1匙
- 植物油……1小匙
- 盐……1小匙

妈妈这样做

1. 将青豆焯烫2分钟，菠萝对半切开，挖出果肉，切丁，放入淡盐水中浸泡10分钟，亦可提前切好，放入冰箱冷藏。

2. 炒锅里倒油烧热，倒入打散的鸡蛋液，炒成鸡蛋碎，盛出。留底油，倒入切好的红椒丁、青豆、虾仁翻炒至虾仁变色，再加入米饭翻炒。

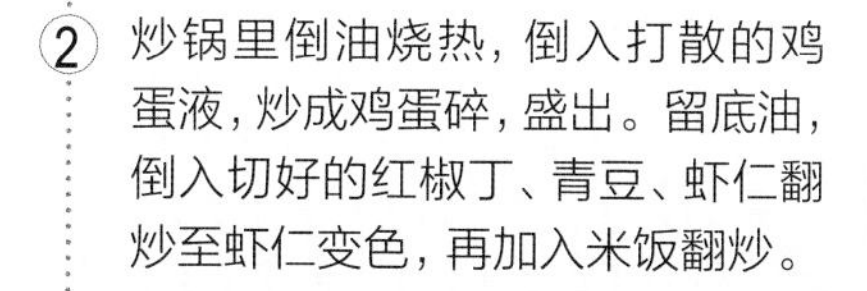

3. 淋少许生抽一起翻炒均匀，再加入鸡蛋碎和菠萝丁，加盐调味，翻炒均匀后装入菠萝碗内，撒上熟杏仁。

芦笋口蘑汤

同时做

准备好

- 芦笋……2根
- 口蘑……5朵
- 植物油……1匙

妈妈这样做

1. 将芦笋、口蘑洗净，切碎。
2. 锅内倒入植物油烧热，放芦笋、口蘑略炒。
3. 锅内加适量清水，煮至食材软烂即可。

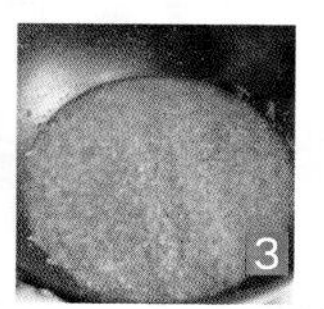

土豆焖饭

准备好

大米……1碗
土豆……1个
豌豆……1/2碗
植物油……1匙
盐……1小匙

妈妈这样做

① 将土豆去皮后切成小丁，平底锅倒油烧热，放入土豆丁，煎至土豆丁底面金黄，撒少许盐拌匀。

② 将大米淘洗干净，倒入电饭锅内，加入适量清水与煎好的土豆丁，再倒入豌豆拌匀。

③ 按下煮饭按键，米饭煮熟后即可食用。

搭配 冬瓜虾皮汤

冬瓜150克，虾皮8克，植物油1/2匙，盐少许。冬瓜洗净去皮、去瓤、切片；虾皮洗净。锅里倒油烧热，放入冬瓜煸炒，炒软后倒入能没过冬瓜的水，大火煮开后转小火放入虾皮，焖煮至冬瓜透明，加盐调味。

焗番茄奶酪饭

早起20分钟

妈妈这样做

1. 鸡胸肉切成小丁，加水淀粉、白胡椒粉、少许盐腌10分钟。将番茄洗净，用勺子挖空内瓤，做成番茄小碗，取挖出来的番茄肉切小丁备用。
2. 油锅烧热，放入鸡肉丁炒至变色后盛出，锅里留底油，倒入打散的鸡蛋液炒碎，再放入番茄丁炒软。
3. 最后加入米饭、鸡肉丁一起翻炒2分钟，加盐调味。
4. 将炒好的米饭盛入番茄小碗中，撒上奶酪碎，烤箱190℃预热，放入番茄盅烤10分钟，至奶酪熔化即可。

准备好

鸡胸肉……50克
奶酪……20克
番茄……2个
鸡蛋……1个
米饭……1碗
橄榄油……1/2匙
水淀粉……4克
盐……2克
白胡椒粉……3克

Tips 图中的薄荷叶只是起点缀作用，最好不要让孩子食用哦。

小猪饭团

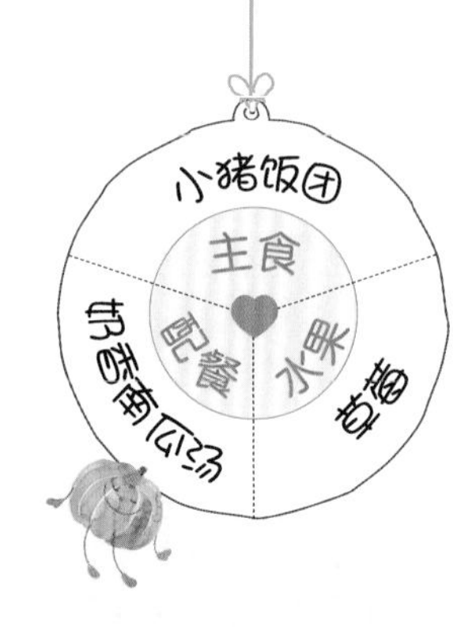

准备好

米饭……1碗
火腿肠……1根
海苔……1片
奶酪……1片
胡萝卜……2片
金枪鱼肉……30克

妈妈这样做

① 将米饭铺在保鲜膜上，再放上金枪鱼肉，捏成饭团形状。

② 火腿肠切片，先取两片用牙签戳2个小洞用作小猪鼻子，再取剩下的火腿片剪成三角形，固定在饭团上用作小猪耳朵。

③ 将海苔剪成小猪眼睛和嘴巴，用筷子蘸少许清水固定在小猪脸上，奶酪剪成云朵，胡萝卜入开水焯一下，取出后剪成太阳形状，装饰在盘中即可。

搭配 奶香南瓜汤

南瓜150克，牛奶300毫升，白糖少许。南瓜洗净去皮，切成小块，放入蒸锅蒸熟。蒸熟的南瓜放入料理机中，搅打成南瓜泥。取锅中加水烧热，倒入南瓜泥煮开后倒入牛奶，再次煮开后放入白糖调味即可。

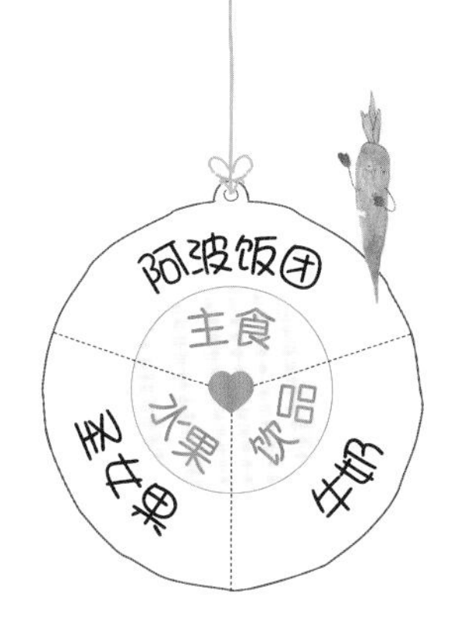

阿波饭团

早起 20 分钟

妈妈这样做

①

胡萝卜洗净、去皮，取少许切片后剪成六角星的形状，与西蓝花一起放入开水中焯熟。

②

剩下的胡萝卜榨汁与米饭拌匀，取适量米饭放入保鲜膜上，扎紧保鲜膜，捏成阿波的身体，鹌鹑蛋去壳，切半。

③

青菜焯熟，剪成爱心形状插入头部，熟鸡蛋白切成薄片作眼睛，海苔剪成眼珠，圣女果剪成嘴巴，再将剩余的食材一起放入盘中作装饰。

准备好

青菜	1棵	米饭	1碗
胡萝卜	1/2根	西蓝花	2朵
熟鸡蛋	1个	圣女果	6个
海苔	1片	熟鹌鹑蛋	2颗

蔬菜肉松寿司

准备好

米饭……300克
肉松……30克
白糖……5克
盐……2克
寿司海苔……2张
火腿……1根
黄瓜……1/2根
咸蛋黄……2个
白醋……1小匙
沙拉酱……1匙

妈妈这样做

1. 白醋、白糖、盐拌匀后倒入温热的米饭中拌匀；黄瓜、火腿切成细条状；咸蛋黄搓成条状备用。

2. 寿司帘上铺上一张寿司海苔，再铺上米饭，海苔前端留 1/4 不铺米饭，然后用勺子将米饭压平。

3. 在米饭一端挤一些沙拉酱，摆放上肉松、黄瓜条、火腿条、咸蛋黄条。

4. 从有馅料的一头卷起，用手攥紧后松开，切块食用。

海绵宝宝蛋包饭

早起 30 分钟

妈妈这样做

① 鸡蛋加少许盐和水淀粉打散成蛋液备用，鲜虾剥出虾仁，黄瓜和黄彩椒分别洗净，切成小丁。

② 炒锅倒油烧热，放入葱花爆香，煸炒虾仁至变色；加入黄瓜丁和黄彩椒丁翻炒至断生，最后加入米饭翻炒均匀，加盐调味。

③ 平底锅倒油烧热，倒入蛋液，小火摊成鸡蛋皮，放上虾仁炒饭，将蛋皮四周向内对折，包成长方形。

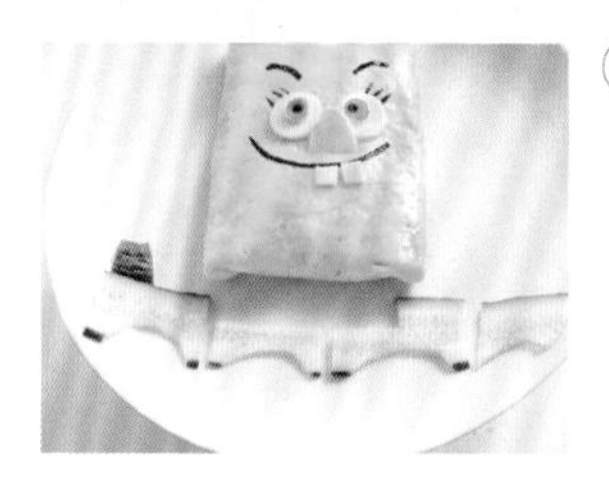

④ 用海苔与奶酪剪出海绵宝宝的五官，再用黄瓜跟柠檬，摆成火车的造型作装饰。

准备好

鲜虾……100克
米饭……1碗
鸡蛋……1个
柠檬……1个
黄彩椒……1/4个
黄瓜……1小块
奶酪……1片
海苔……1片
植物油……1匙
水淀粉……适量
盐、葱花……各适量

第七章

夹个三明治拿起就走

瓢虫三明治

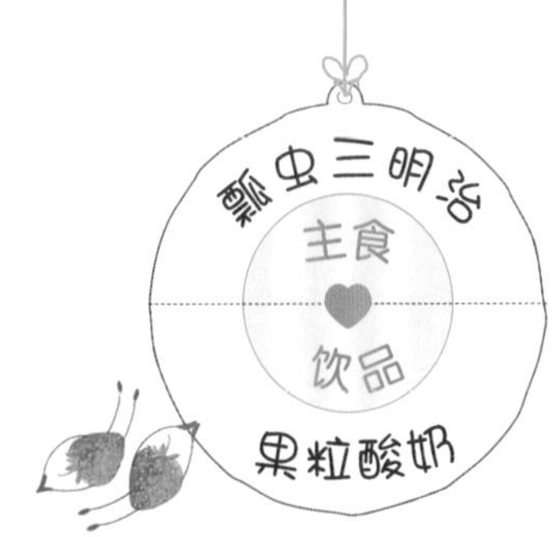

准备好

吐司……………………2片

鸡蛋皮………………1张

黑芝麻………………2克

番茄酱………………1匙

妈妈这样做

① 

用圆形模具在吐司片上切出圆形吐司片，将2片大的吐司片和2片小的吐司片切出瓢虫头部和翅膀。

② 

用圆形模具切出2片大的圆形鸡蛋皮和2张小的圆形鸡蛋皮，将鸡蛋皮放在未切的圆形吐司片上，盖上瓢虫的头部、翅膀。

③ 

用黑芝麻作瓢虫的眼睛，再用番茄酱挤在瓢虫翅膀部位作斑点装饰。

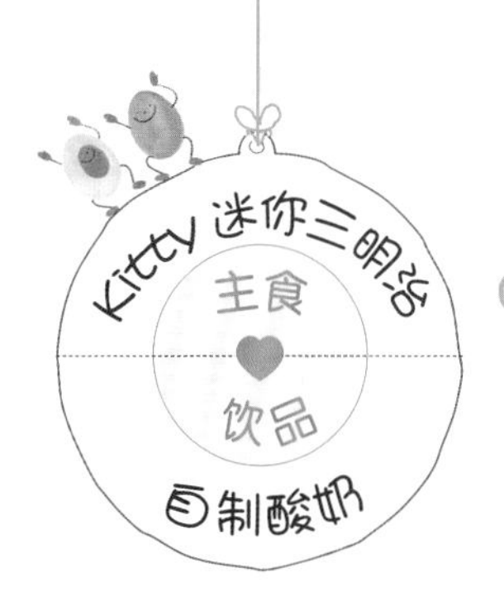

Kitty迷你三明治

早起10分钟

准备好

吐司……2片
芝士……1片
番茄……1个
鸡蛋……1个

妈妈这样做

① 平铺吐司片，用Kitty模具将吐司压成小面包片。

② 番茄切片，分别用模具将番茄和芝士片压成同样形状的片，鸡蛋煮熟切片备用。

③ 将压制好的面包片平铺于盘底，叠放上芝士、番茄、鸡蛋片，再盖上一片面包即可。

Tips 妈妈的厨房里有什么好吃的，三明治里就可以夹什么哦。

三明治北极虾手卷

准备好

吐司……3片
芦笋……3根
野生北极虾……50克
沙拉酱……1大匙

妈妈这样做

① 

将北极虾提前解冻，剥出虾仁焯熟，芦笋洗净后用开水焯烫一下。

② 

切去吐司的四边，将吐司片铺在保鲜膜上，在一侧抹适量沙拉酱。

③ 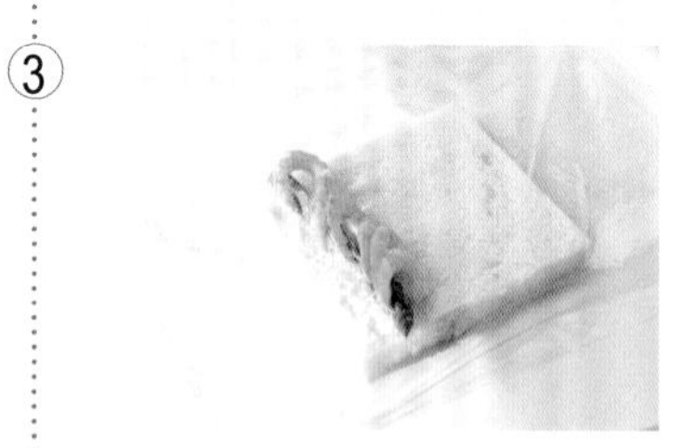

放上芦笋和虾仁，卷起后切块即可。

火腿西多士

正常起床

妈妈这样做

① 吐司切边后在上面盖上一片火腿、一片奶酪，再夹上一片火腿，盖上另一片吐司。

② 鸡蛋打散成蛋液，将吐司片放进碗里双面蘸上蛋液。

③ 平底锅倒油烧热，放入吐司片用小火煎，煎至双面金黄色，取出用厨房纸吸取多余的油分，沿对角线切开。

准备好

吐司……2片
火腿……2片
奶酪……1片
鸡蛋……1个
植物油……1匙

搭配 豉油芦笋

芦笋150克，蒸鱼豉油1大匙，植物油、盐各适量。芦笋洗净，切段；取锅烧水，加入少许盐，下入芦笋段，大火焯烫1分钟，捞出过冷水，沥干。锅倒油烧热，加入蒸鱼豉油，烧热后淋到芦笋上即可，可放一些蒜蓉提味。

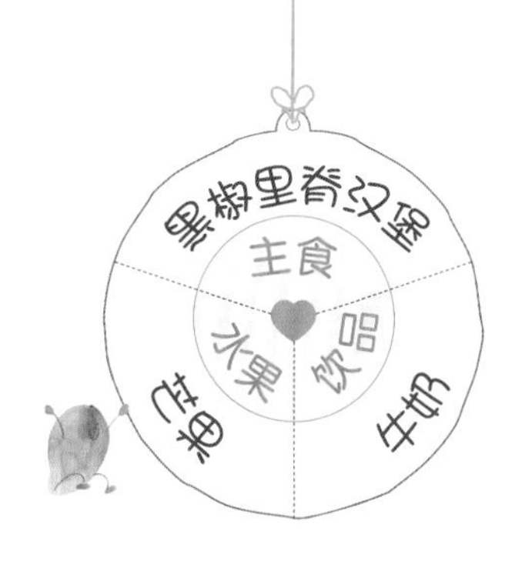

黑椒里脊汉堡

推荐周末制作

准备好

面团材料：

高筋面粉……230克
低筋面粉……20克
水……120毫升
酵母……3克
白糖……35克
盐……3克
鸡蛋液……28克
黄油……25克

表面装饰：

鸡蛋液……适量
黑芝麻……1匙

其他材料：

生抽……1匙
水淀粉……1匙
猪里脊肉……350克
生菜……1棵
芝士……2片
番茄……1个
鸡蛋……2个
黑胡椒粉……5克
盐……2克
植物油……2匙

妈妈这样做

制作汉堡坯

① 周末可尝试自制汉堡坯，将除黄油外的面团材料放入面包机桶内，选择揉面程序，15分钟后加入软化黄油，继续揉15分钟至扩展阶段。

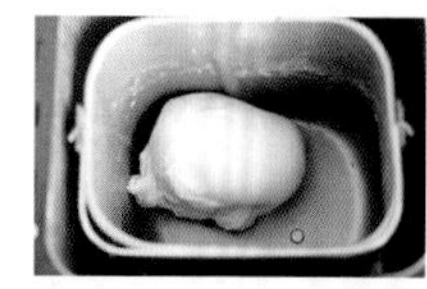

② 将揉好的面团蒙上保鲜膜，放在温暖处发酵至2~2.5倍大。取出面团，分成8等份，揉成圆形，排放在烤盘中，醒发至2倍大。

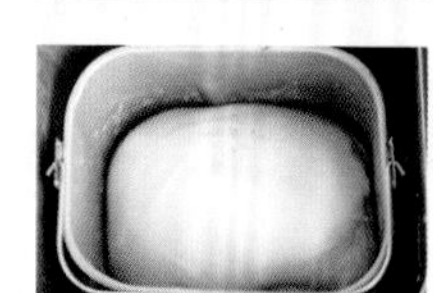

③ 刷上鸡蛋液，撒上黑芝麻。烤箱预热180℃，放在中层烘烤约18分钟。

烤汉堡坯

① 准备好1~2个汉堡坯，番茄、猪里脊肉、芝士片、生菜和鸡蛋。

② 里脊肉切薄片，加盐、黑胡椒粉、生抽、水淀粉腌15分钟，平底锅倒油烧热，放入里脊肉片煎熟。

③ 将鸡蛋煎熟，番茄、生菜洗净，沥干水分备用。汉堡坯从中间横切成两半，取一半汉堡，放上处理好的食材，最后加盖上另外一半汉堡即可。

15 分钟

7:00 准备食材　7:05 煸炒培根　7:11 搅打土豆糊，小火煮汤　7:15 制作三明治，摆盘

香蕉花生酱三明治套餐

早起 15 分钟

准备好

吐司……………………4片
自制花生酱……………2大匙
香蕉……………………2根

妈妈这样做

① 将吐司切去四边，涂抹上花生酱。

② 香蕉切小块铺在抹了花生酱的吐司片上，盖上另一片吐司。

③ 将两份吐司叠放在一起，沿对角线切开。

培根土豆浓汤

准备好

培根……………………2片
土豆……………………2个
洋葱……………………1/4个
牛奶……………………100毫升
淡奶油…………………100毫升
黑胡椒粉………………适量
盐………………………少许

妈妈这样做

① 培根切碎，土豆洗净切丁，锅烧热放入培根碎，小火煸炒至培根出油，盛出备用。

② 锅里留底油，放入切碎的洋葱炒香，再放入土豆丁和一半的培根翻炒，加足量清水将土豆丁煮熟。

③ 土豆放凉后连汤汁一起放入搅拌机，搅打成土豆糊倒入锅中。加入淡奶油、牛奶、剩下的培根，小火煮开，加盐、黑胡椒粉调味。

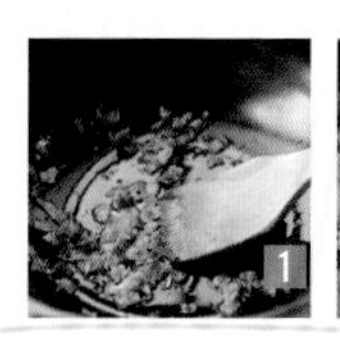
1

2

3

7:00 准备食材　7:05 化开抹茶粉，加热牛奶　7:11 制作馅料　7:15 制作三明治，摆盘

牛油果三明治套餐

早起 15 分钟

准备好

牛油果……1/2 个
鸡蛋……2 个
吐司……2 片
柠檬汁……1 小匙
生抽……1 小匙
盐……2 克
黑胡椒粉……3 克

妈妈这样做

1. 鸡蛋打散，煮熟切成蛋碎，可以多搅打一会，让蛋清与蛋黄充分混合；牛油果切开，挖出果核。

2. 牛油果挖出果肉，用勺子按压成泥状，加入切碎的鸡蛋、柠檬汁、生抽、盐和黑胡椒粉搅拌均匀。

3. 将馅料平铺在吐司片上，再盖上另一片吐司，对半切开即可。

抹茶红豆牛奶

同时做

准备好

抹茶粉……10~20 克
牛奶……300 毫升
蜜豆……适量

妈妈这样做

1. 用30毫升凉开水将抹茶粉化开。
2. 牛奶加热至微微沸腾状，倒入抹茶液拌匀。
3. 再加入蜜豆拌匀即可。

1

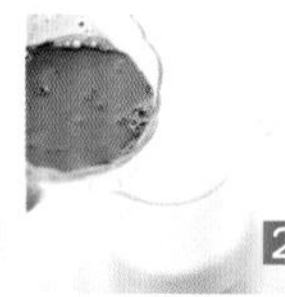
2

3

愤怒的小鸟三明治

准备好

- 白吐司……2片
- 火腿……2片
- 胡萝卜……1小段
- 西蓝花……1朵
- 黑橄榄……1个
- 鹌鹑蛋……1个
- 植物油……1/3匙
- 盐……少许
- 番茄酱……少许

妈妈这样做

1. 用厨房剪刀将火腿片剪成小鸟的外轮廓，剪的时候要注意别剪断小鸟的头发。

2. 将白吐司剪成水滴形，火腿片的下方剪成弧形，黑橄榄切成小圈再切断，做成小鸟的眉毛。

3. 鹌鹑蛋煮熟后切片，用作小鸟的眼白，再将黑橄榄切成小块点缀在眼睛中间。胡萝卜切成三角形，用作小鸟的嘴巴。

4. 西蓝花掰成小朵，放入加了盐和植物油的开水中焯烫至断生，摆放在小鸟下方，胡萝卜剪成小花状，点缀在西蓝花上，挤上番茄酱即可。

小熊口袋三明治

早起15分钟

妈妈这样做

①

水煮鹌鹑蛋切小块，与熟金枪鱼肉拌匀，制成馅料。

②

取一片全麦吐司，平铺馅料，盖上另一片吐司，用小熊模具用力地按压下去。

③

取出模具，去除周边多余的面包边角料，再用巧克力酱涂抹上小熊的五官和耳朵。

准备好

熟金枪鱼肉………40克　水煮鹌鹑蛋…………5个

全麦吐司……………4片　巧克力酱…………少许

亲手做配料

自制草莓酱

准备好

草莓……………………500克　柠檬汁…………30毫升
白糖……………………150克　盐……………………1匙

妈妈这样做

①

草莓用淡盐水浸泡15分钟，洗净后去蒂，对半切开，拌入白糖，盖上保鲜膜，腌3小时以上，腌至草莓出水。

②

将腌好的草莓连水一起倒入锅中，大火煮开后加入柠檬汁。转中小火慢慢熬煮，撇去浮沫，其间注意用勺子搅拌，防止粘锅。

③

煮至黏稠状，装入用开水烫过的干燥密封瓶中冷藏保存即可。

自制健康肉松

准备好

猪瘦肉……300克
生抽……1匙
熟白芝麻……1匙
料酒……1匙
白糖……1小匙
小葱……2根
姜……2片
植物油、盐……各适量

妈妈这样做

① 将猪肉切成约4厘米长的厚片，汆烫去血水，捞起洗净后再放入锅中，加入姜片、葱段、料酒，将肉煮成一压就散开的状态。

② 将肉块放入保鲜袋内，用擀面杖压散，取出放入碗中，用手和叉子撕成肉丝状。

③ 锅里抹一层植物油，将肉丝放入锅中，开中小火不断翻炒。

④ 肉丝水分炒干后，加入生抽、白糖、盐炒匀。炒到金黄褐色的状态，加入熟的白芝麻即可。

自制芝麻酱

准备好

白芝麻……150克

芝麻油……1匙

白糖……1匙

妈妈这样做

1. 炒锅里不加油，放入芝麻小火炒熟，炒至微黄状态。

2. 将炒好的芝麻晾凉，放入搅拌机内。搅打成芝麻碎。

3. 加入1匙芝麻油和白糖，继续搅打，直到搅打成细腻的芝麻酱。

自制虾皮粉

准备好

虾皮……适量

妈妈这样做

1. 将虾皮用清水反复洗净晾干，洗去多余的盐分和细沙。

2. 单放虾皮小火翻炒，一直炒到虾皮微微泛黄，水分彻底炒干。

3. 将炒好的虾皮晾凉后放入搅拌机内，搅打成虾皮粉即可。

自制花生酱

准备好

花生米…………1碟
白糖…………1匙
花生油…………1匙

妈妈这样做

1. 将洗净晾干的花生米放入炒锅中，小火不加油，用铲子翻炒，以保证花生米受热均匀。

2. 取炒熟的花生米加白糖放入搅拌机中，启动搅拌机，搅打成粉末状。

3. 加入适量花生油做引子，继续搅打一会儿，打成黏稠状。

自制酸奶

准备好

纯牛奶…………500毫升
酸奶发酵剂…………1/2包
白糖…………1匙

妈妈这样做

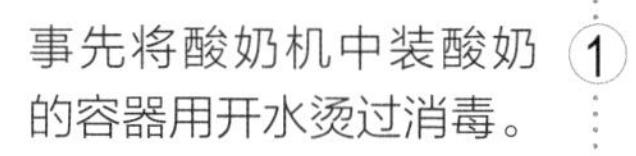

1. 事先将酸奶机中装酸奶的容器用开水烫过消毒。

2. 牛奶倒入酸奶机容器中，加入酸奶发酵剂，再加入白糖，搅拌均匀。

3. 酸奶机内加入温水，混合拌匀，通上电源，8~10小时后成凝固状即可。

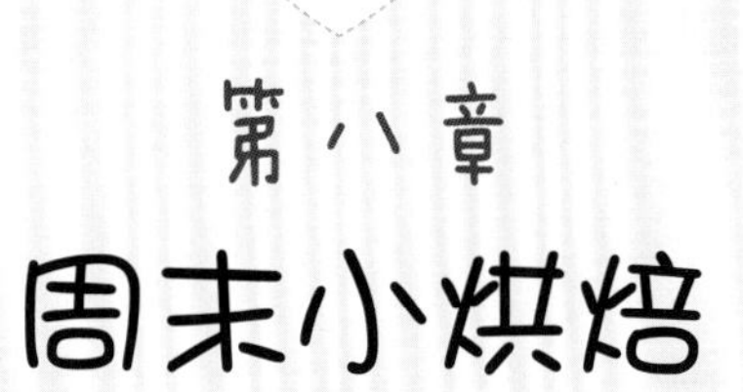

第八章 周末小烘焙

沙丁鱼吐司杯

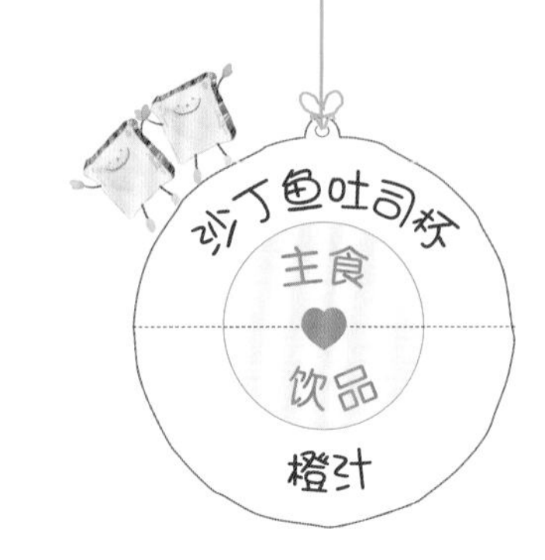

准备好

沙丁鱼罐头…………1罐
吐司……………………2片
熟鸡蛋…………………1个
黄瓜………………1小段
黄油……………………20克
橄榄油…………………1匙
番茄酱…………………1匙

妈妈这样做

①

将吐司切去边，用毛刷在吐司表面刷上一层软化黄油。将吐司片放在小碗里，塞成小盅的形状，放入烤箱中层，180℃烘烤10分钟至表层稍金黄并且定型。

②

将沙丁鱼、黄瓜、鸡蛋切小丁，淋少许橄榄油拌匀。

③

将拌好的沙丁鱼馅填入烤好的吐司盅，再淋少许番茄酱装饰。

焗烤面包布丁

早起 30 分钟

① 将牛奶和淡奶油、白糖倒入锅内，中小火煮至白糖溶化，晾凉后倒入打散的鸡蛋液中，搅拌均匀，用网筛过筛，布丁液就做好了。

② 吐司放入预热好的烤箱内用180℃烤5分钟，将表面烤得微黄的吐司片取出切成小块。

③ 在容器内壁涂抹上软化黄油，将吐司丁、杏仁、蔓越莓干混合放入容器内，倒入布丁液，烤盘内倒入约1厘米高的热水。

④ 将容器放在烤盘上，烤箱预热，放于烤箱中层，用180℃上下火烘烤约30分钟至布丁液凝固即可。

准备好

- 吐司……2片
- 蔓越莓干……20克
- 杏仁……20克
- 牛奶……125毫升
- 淡奶油……125毫升
- 白糖……40克
- 鸡蛋……2个
- 黄油……少许

7:00 准备食材　7:05 剥虾壳，芦笋焯烫　7:11 煮牛奶玉米汤　7:15 小火焖芝士　7:20 摆盘

鲜虾小比萨套餐

早起 20 分钟

准备好

吐司……2片
芦笋……2根
鲜虾……8个
番茄酱……1匙
马苏里拉芝士……30克

妈妈这样做

1. 虾煮熟后剥壳；芦笋用开水焯烫后切成小丁。

2. 吐司片抹上番茄酱，铺上虾仁，撒上芦笋丁、马苏里拉芝士。

3. 平底锅里不放油，放入吐司片，盖上锅盖，小火焖5分钟至芝士熔化即可。

牛奶玉米汤

同时做

准备好

水果玉米……1根
牛奶……适量
黄油……适量

妈妈这样做

1. 水果玉米洗净后切成小段，和黄油一起放入锅中。
2. 倒入没过玉米的牛奶，盖上锅盖，煮开。
3. 中火煮8分钟关火即可。

1

2

3

15
分钟
7:00 煮豌豆浆
7:05 加牛奶
抹花生酱
7:15 出锅，摆盘

花生酱卡通吐司套餐

早起15分钟

准备好

白吐司……4片
果酱……2大匙
自制花生酱……2大匙
香蕉……1根
巧克力……2块

妈妈这样做

1. 将油纸用剪刀剪出比白吐司稍小的动物外轮廓，并铺在白吐司上。

2. 用勺子在油纸边上抹上花生酱，油纸部位不用抹。

3. 取下油纸，将巧克力装入裱花袋内，放入温水熔化，在吐司空白部分勾勒出小动物的五官。

4. 另取1片吐司，铺上香蕉片与果酱，放在画有小动物头像的吐司下方即可。

奶香青豆泥

同时做

准备好

豌豆……100克
白糖……5克
牛奶……30克
黄油……10克

妈妈这样做

1. 将豌豆放入开水锅中煮至断生，加入100克清水搅打成豆浆置于盆内。
2. 锅中放入10克黄油煮至熔化，倒入豌豆浆和白糖同煮。
3. 大火翻炒至水分变干，豆浆浓稠时加入牛奶，继续翻炒至豆泥呈黏稠状即可。

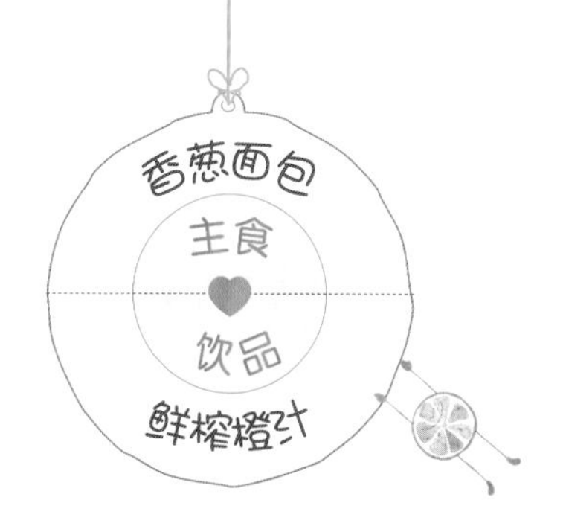

香葱面包

推荐周末制作

准备好

面团材料：

高筋面粉……200克
低筋面粉……50克
黄油……23克
白糖……40克
酵母……3克
鸡蛋液……23克
牛奶……23克
水……120克
盐……2克

香葱馅：

黄油……35克
鸡蛋液……20克
香葱……适量

妈妈这样做

馅料制作

1. 黄油软化后搅打至发白，体积稍膨大，分3次加入鸡蛋液搅打均匀。

2. 香葱洗净沥干水分，切碎加入黄油拌匀。

面包制作

1. 将除黄油外的面团材料放入面包机桶内，启动和面程序，15分钟后加入软化黄油，继续程序将面团揉好，发酵至2.5倍大。

2. 将发酵好的面团分成4等份，滚圆后盖上保鲜膜松弛15分钟，取面团擀成面片。

3. 面片从上往下卷成橄榄形，依次做好排放在铺油纸的烤盘里，二次发酵至两倍大。

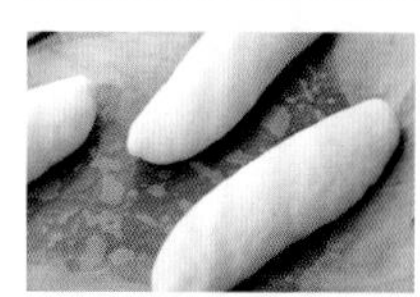

4. 用刀在表面划一道切口，放上香葱馅；烤箱提前预热180℃，中层烤25分钟。

花边鲜虾比萨

推荐周末制作

准备好

面饼材料：

高筋面粉……140克
低筋面粉……60克
水……130克
橄榄油……13克
白糖……10克
酵母……3克
奶粉……10克
火腿肠……2根
比萨酱……2匙

馅料材料：

虾仁……50克
马苏里拉芝士……150克
黄甜椒……1/4个
红甜椒……1/4个
黑橄榄……5个
口蘑……4个
料酒……1匙
盐……1匙
白胡椒粉……少许

妈妈这样做

面饼制作

1. 将除火腿肠和比萨酱以外的所有面饼材料放入面包机桶内，启动和面程序，混合均匀，将面团揉至完全阶段，醒发至原来的2倍大。

2. 发酵好的面团留五分之一，大面团擀成比萨面饼；小面团分成二等份，擀成长面片，将火腿肠包裹住。

3. 将面团切成数个小段，均匀放在面饼四周，再用叉子在面饼中间戳一些小洞，防止其在烘烤时膨胀。

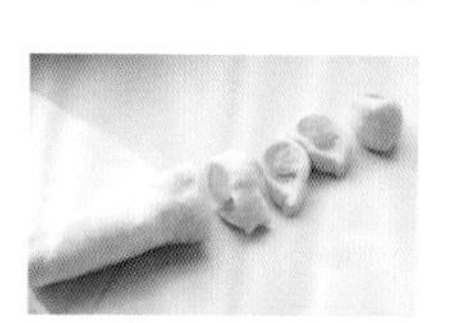

4. 面饼室温下发酵20分钟，然后在面饼上刷上比萨酱。

馅料制作

1. 将虾仁用盐、料酒、白胡椒粉腌制10分钟；口蘑洗净切片，黄甜椒、红甜椒洗净切丁。

2. 在处理好的面饼上撒上马苏里拉芝士条、口蘑片、腌好的虾仁、黄甜椒丁、红甜椒丁。

3. 最后铺上黑橄榄，再撒上一层马苏里拉芝士条。烤箱预热到200℃，中层烘烤约15分钟至芝士熔化，面饼微泛金黄。

西葫芦香肠比萨

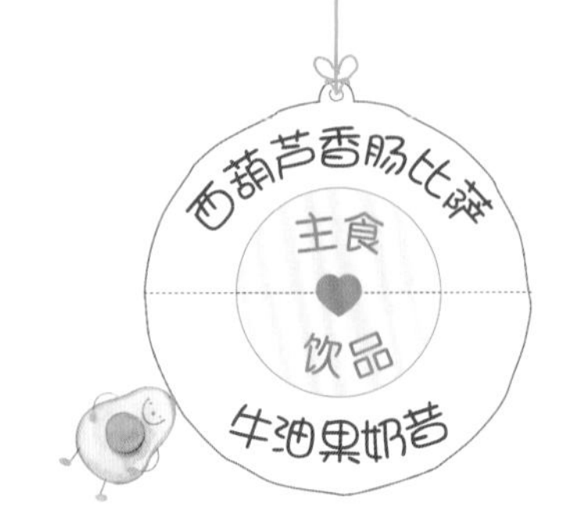

准备好

比萨面饼……1个
西葫芦……1/2个
青甜椒……1/2个
香肠……3根
马苏里拉芝士……150克
比萨酱……2匙

妈妈这样做

1. 西葫芦洗净切片，香肠切片，青甜椒切圈，在比萨面饼上用叉子戳一些小洞，刷上比萨酱。

2. 在处理好的面饼上撒上部分马苏里拉芝士条，铺上切片的西葫芦，再铺上香肠片、青甜椒圈，最后撒上剩下的芝士。

3. 烤箱预热到200℃，中层烘烤约15分钟至芝士熔化即可。

搭配 牛油果奶昔

牛油果1个，香蕉1根，牛奶300毫升，蜂蜜1小匙。
香蕉去皮、切块，牛油果对半切开、去核，挖出果肉并切块。将牛奶、切块的香蕉、牛油果一起放入料理机中，倒入蜂蜜，搅打成奶昔即可。

黄油蒜砖

早起20分钟

妈妈这样做

1

吐司切成方块，蒜瓣碾成蒜蓉备用。

2

黄油放在室温下融化，用打蛋器搅打顺滑，加入蒜蓉、盐和欧芹碎，搅拌均匀。

3

用毛刷给吐司块四周涂抹上蒜蓉黄油后，放入预热好的烤箱，用180℃烘烤至表面金黄即可。

准备好

吐司……150克
蒜瓣……15克
无盐黄油……40克
盐……2克
欧芹碎……少许

海鲜芝士千层面

准备好

虾仁……100克
蛤蜊肉……50克
马苏里拉芝士……70克
黄油……10克
面粉……15克
牛奶……80克
盐……2克
千层面皮……4张
蒜末……30克
橄榄油……1匙
白胡椒粉、白酱……各适量

妈妈这样做

1. 锅里放黄油烧至熔化，倒入面粉翻炒，分3次倒入牛奶，充分搅拌以消除面疙瘩，加盐和白胡椒粉调味，煮黏稠后盛出。

2. 锅里倒入橄榄油，放入蒜末炒香，盛出。将虾仁和蛤蜊煮熟、切碎，加入2/3的蒜末和2匙白酱拌匀。

3. 锅里倒水烧沸，放入盐与千层面皮，大火煮3分钟，捞出沥水，用厨房纸巾吸干水分备用。

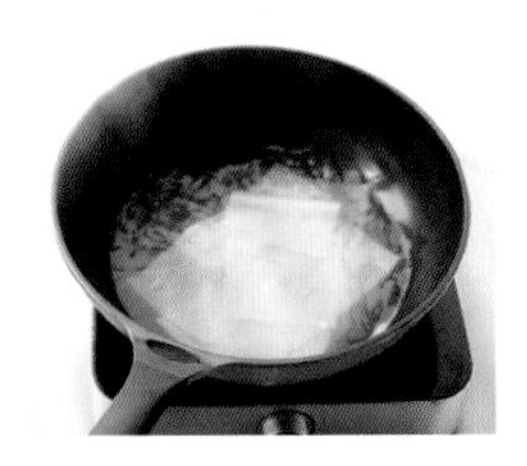

4. 烤盘上涂抹白酱，铺上一片面皮，再涂抹上白酱，撒上芝士条，放海鲜馅料铺匀，盖上一片面皮，重复2次。

5. 在面片表面涂抹白酱，把剩余的蒜末铺在上面，撒上芝士条；烤箱预热220℃，烘烤15分钟至奶酪熔化。

金枪鱼小比萨

早起 15 分钟

妈妈这样做

① 

用毛刷在白吐司上刷一层番茄酱。

② 

撒上奶酪碎，铺上番茄片，在番茄上铺层熟金枪鱼肉，最后撒玉米粒、豌豆粒与少许奶酪碎。

③ 

平底锅不加油，小火加热至奶酪熔化即可，或者烤箱190℃烤10分钟。

准备好

- 白吐司……2片
- 番茄……2片
- 熟金枪鱼肉……20克
- 奶酪碎……30克
- 番茄酱……1大匙
- 玉米粒……10克
- 豌豆粒……10克

7:00 面团整形

7:35 烤制面包

7:40 做土豆沙拉

8:00 摆盘

肉松面包套餐

推荐周末制作

准备好

面团材料：

高筋面粉……………………200克
低筋面粉……………………50克
黄油……………………………25克
白糖……………………………40克
盐………………………………2克
酵母…………………………3.5克
鸡蛋液………………………25克
牛奶………………………25毫升
水…………………………115毫升

表面装饰：

沙拉酱…………………………2匙
肉松…………………………30克

妈妈这样做

1. 将除黄油外的面团材料放入面包机桶内，启动和面程序15分钟后加入软化黄油，继续程序将面团揉至完全阶段，发酵至2.5倍大。

2. 将发酵好的面团分割成6等份，滚圆后盖上保鲜膜醒发15分钟。

3. 取一个面团擀成面饼，包入肉松从上往下卷起，做成橄榄形，依次处理，放在铺油纸的烤盘里，放置温暖处二次发酵至2倍大。

4. 烤箱预热180℃，中层烤20分钟取出，在表面刷上沙拉酱，粘上肉松。

土豆沙拉

同时做

准备好

豌豆……………………………50克
土豆……………………………1个
苹果……………………………1个
火腿肠…………………………1根
沙拉酱………………………2大匙
盐……………………………适量

妈妈这样做

1. 土豆去皮切成小块，放锅里蒸熟。
2. 豌豆煮熟；苹果去皮切成小丁；火腿肠切丁，都加入蒸熟的土豆丁中拌匀。
3. 加入沙拉酱、盐拌匀即可。

法式吐司

准备好

吐司……1片
鸡蛋……2个
牛奶……60毫升
白糖……10克
黄油……10克
肉桂粉……少许

妈妈这样做

1. 鸡蛋打散成蛋液，加入牛奶、白糖、肉桂粉，搅拌成蛋奶液备用。

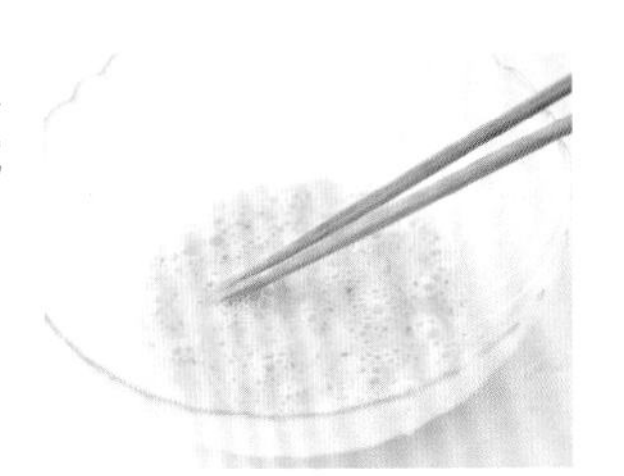

2. 吐司切成2.5厘米左右的厚片，切去四边再对半切开，将三角形的面包片放在蛋奶液中浸透。

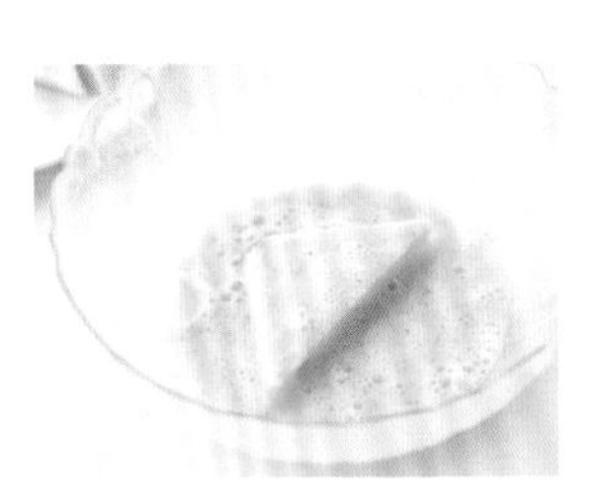

3. 平底锅放入黄油加热至熔化，放入浸了蛋奶液的吐司片，中小火煎至两面金黄。

搭配 牛奶脆谷乐

脆谷乐、牛奶各适量。脆谷乐放入杯子中，牛奶加至温热倒入即可。

苹果派

推荐周末制作

妈妈这样做

1. 将黄油丁和面粉混合，搓成碎屑，加入蛋黄、30毫升水、少许盐揉成面团，包上保鲜膜醒发30分钟。

2. 将派馅材料混合放入锅中，小火熬煮至苹果变软，放凉备用。

3. 将派皮面团擀成薄片，切割成8份长方形；取1块放上馅料，盖上另1块派皮。

4. 在派皮表面划3刀，再用叉子将边缘压紧，依次处理剩下的派。烤箱预热180℃，中层烤约20分钟。

准备好

派皮材料：

黄油……60克
低筋面粉……130克
蛋黄……1个
盐……2克

派馅材料：

苹果丁……150克
红糖……30克
黄油……10克
柠檬汁……5毫升
肉桂粉……1小匙

40
分钟

7:00 准备食材　7:05 红枣去核切碎　7:30 煎松饼　7:40 煎熟松饼，摆盘
制作豆浆

奶香松饼套餐

推荐周末制作

准备好

鸡蛋……1个
白糖……30克
黄油……30克
自发粉……150克
牛奶……200毫升
植物油……适量

妈妈这样做

① 牛奶倒入自发粉中，用打蛋器搅拌均匀，使面糊变得均匀没有小疙瘩。

② 将鸡蛋打散成蛋液，加入面糊中搅拌均匀，放于室温醒发30分钟。

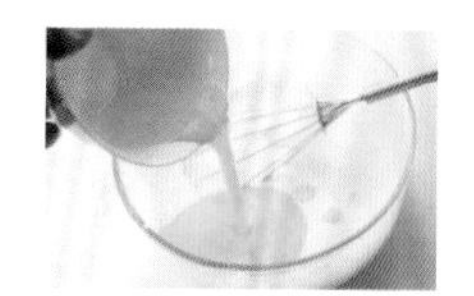

③ 黄油切成小块放入锅中隔水熔化，加入白糖搅拌均匀，晾凉后倒入鸡蛋面糊中，用打蛋器充分搅拌均匀。

④ 平底锅里倒适量植物油后烧到四成热，转成小火，舀一勺面糊倒入锅中，用中小火将松饼煎至两面金黄。

花生红枣豆浆

同时做

准备好

黄豆……40克
花生……30克
红枣……20克
冰糖……适量

妈妈这样做

① 黄豆提前一晚用清水泡发。

② 红枣去核切碎，将花生、泡发黄豆、红枣放入豆浆机内，按豆浆机水位线加入足量清水，启动豆浆机“豆浆”模式，用筛网过滤出汁，最后按口味添加冰糖即可。

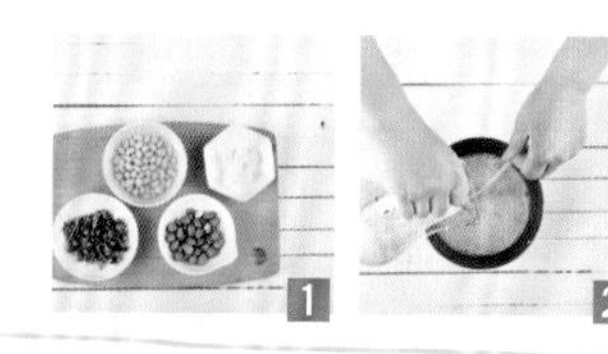

40分钟

7:00 准备食材

7:25 制作培根卷

7:30 烤华夫饼

7:40 煎熟盛出，摆盘

奶香面包版华夫饼套餐

推荐周末制作

准备好

高筋面粉……120克
低筋面粉……80克
黄油……60克
蜂蜜……15克
酵母……4克
盐……1克
白糖……30克
牛奶……65毫升
植物油……适量

妈妈这样做

1. 将除黄油、植物油外的材料放入面包机桶内，启动和面程序15分钟后再加入软化黄油，继续程序15~20分钟。

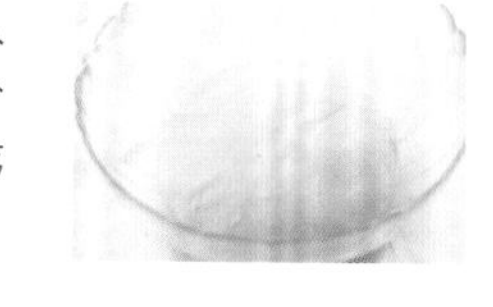

2. 将面团收圆后盖上保鲜膜发酵至2倍大，分成8等份后滚圆。

3. 先将华夫饼模具刷油预热，再放上面团盖上模具，用小火烤，加热一两分钟后翻面再加热一两分钟即可。

培根金针菇卷

同时做

准备好

培根……3片
金针菇……1小把

妈妈这样做

1. 先将金针菇洗净，放入开水锅里焯烫1分钟后捞出沥干水分。
2. 将培根切两半，取适量金针菇放在培根上卷起，用牙签穿过培根以固定，依次处理好。
3. 平底锅不加油烧热，放入培根卷，中小火煎熟即可。

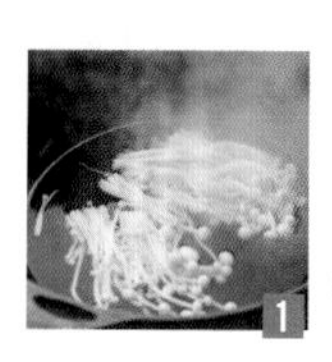
1

2

3

杏仁费南雪

准备好

黄油	50克
鸡蛋清	50克
杏仁粉	20克
低筋面粉	20克
蜂蜜	10克
白糖	40克
杏仁片	15克

妈妈这样做

1. 将鸡蛋清加白糖、蜂蜜混合，用打蛋器搅打至出现粗泡；将杏仁粉、低筋面粉混合筛入搅打好的蛋清中，用橡皮刮刀翻拌均匀。

2. 小火加热黄油，黄油液体表面开始出现茶色沸腾泡沫时关火，放凉后加入面糊中，再次拌匀。

3. 将拌好的面糊装入裱花袋，挤入金砖模具中，约八分满即可，再撒上杏仁片。

4. 烤箱190℃预热，将模具放入烤箱中层，烤7分钟，至金砖表面微泛金黄色，关火脱膜。

搭配 草莓牛奶

草莓7颗，蜂蜜1匙，牛奶适量。草莓洗净去蒂、切小块，草莓、牛奶和蜂蜜倒入搅拌机，搅打至均匀细腻，用筛网过滤出汁即可。

蒜香吐司条

早起 25 分钟

妈妈这样做

① 蒜瓣碾成蒜蓉备用；黄油室温下放至软化，用打蛋器搅打顺滑，加入蒜蓉、盐和欧芹碎搅拌均匀。

② 吐司切成条状，用毛刷给吐司条正反面涂抹上蒜蓉黄油。

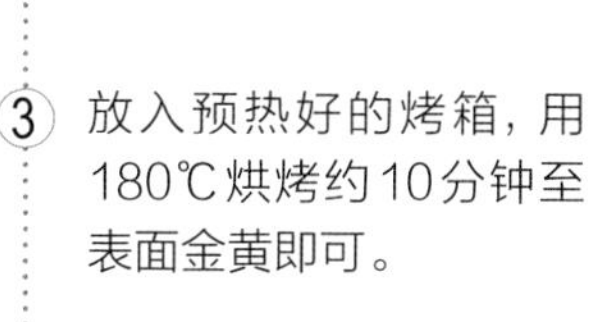

③ 放入预热好的烤箱，用180℃烘烤约10分钟至表面金黄即可。

准备好

吐司	2片
蒜瓣	15克
无盐黄油	40克
欧芹碎	适量
盐	2克

搭配 猕猴桃雪梨汁

猕猴桃1/2个，雪梨1/2个。将猕猴桃和雪梨放入搅拌机内，加入适量温水，搅打成浆，用筛网过滤出汁即可。

迷你华夫饼

准备好

低筋面粉……100克
配方奶粉……10克
芝士粉……10克
糖粉……30克
全蛋液……25克
黄油……50克

妈妈这样做

1. 华夫饼可在前一晚做好，随吃随用。先将所有的粉类食材拌匀，过筛在盆中。

2. 黄油切小丁，加入粉中，用手将黄油和粉类食材搓成颗粒状，加入全蛋液，拌匀成团。

3. 将面团平均分成8克的小面团，在手中揉成小圆球，华夫模具放在小火上预热好。

4. 将揉好的圆球放在华夫模具的十字中央，合上模具，始终用小火加热。

5. 不停地移动模具，使其受热均匀，2分钟后翻面烤另一面，再烤2分钟后取出，晾凉装入包装袋保存即可。

小青蛙菠菜蛋饼

早起 15 分钟

妈妈这样做

①

将菠菜在搅拌机中搅打成菠菜汁，加入面粉，再磕入 1 个鸡蛋，加盐拌匀成面糊。

②

平底锅加油烧热，放入菠菜面糊煎成小圆饼，将煮熟的鹌鹑蛋对半切开，用作小青蛙的眼睛。

③

用海苔剪出青蛙的鼻孔和嘴巴，胡萝卜洗净切片后，入开水中焯一下，摆放成青蛙的笑脸。

准备好

面粉	70 克	胡萝卜	1 段
鸡蛋	1 个	海苔	1 片
菠菜	1 棵	盐	少许
鹌鹑蛋	2 个	橄榄油	1 匙

第九章

能量加餐

酱烤鸡翅

准备好

鸡翅……9个
烤肉酱……1大匙
生抽……1匙
料酒……1匙
蜂蜜……1匙
老抽……1小匙
小葱……2根
姜……1块
蒜……4瓣

妈妈这样做

1. 先将鸡翅洗净后沥干，用牙签在鸡翅背面扎几下，方便入味；小葱、姜、蒜切成末备用。

2. 将烤肉酱、生抽、老抽、料酒、蜂蜜和葱姜蒜末全部放入大碗中搅拌均匀。

3. 放入鸡翅腌制15分钟，如果时间充分的话，腌制时间越长越入味。

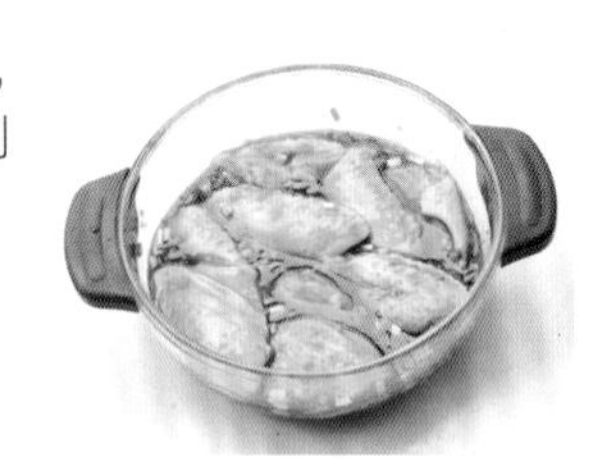

4. 烤盘铺锡纸，烤网上摆好鸡翅，置入烤箱中层，预热200℃，10分钟后在鸡翅上刷烤肉酱，继续烤10分钟至表面焦黄即可。

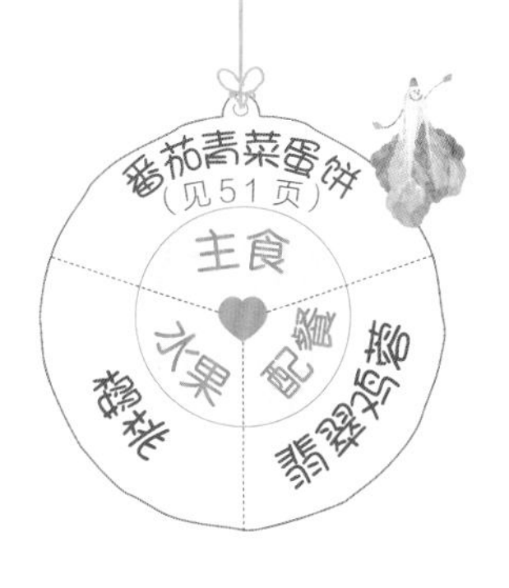

翡翠鸡蓉

早起15分钟

妈妈这样做

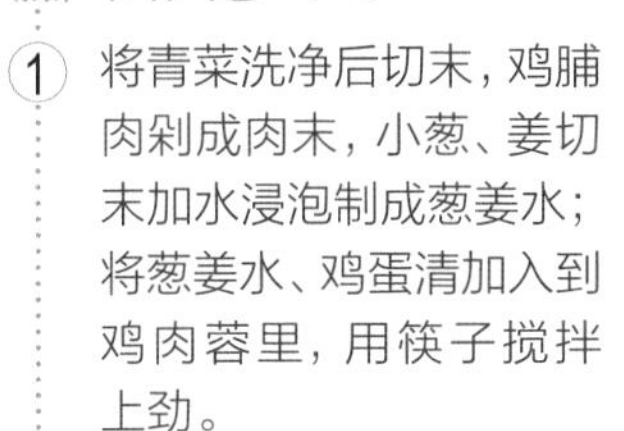

1. 将青菜洗净后切末，鸡脯肉剁成肉末，小葱、姜切末加水浸泡制成葱姜水；将葱姜水、鸡蛋清加入到鸡肉蓉里，用筷子搅拌上劲。

2. 锅里倒入高汤烧开，加入青菜碎末煮开，然后倒入水淀粉勾芡，加盐调味，将煮好的汤汁盛在碗里备用。

3. 锅里倒入水烧开后放入鸡肉蓉，大火烧至鸡肉蓉浮起，转小火煮熟。

4. 将煮好的鸡肉蓉捞出，放入装有菜汤的碗中。

准备好

鸡脯肉……50克
青菜……1棵
鸡蛋清……1个
小葱……2根
姜……3片
盐……1/2小匙
高汤……1碗
水淀粉……少许

鸡蛋蒸丸子

准备好

猪肉馅……………………200克
鸡蛋……………………3个
香菇……………………1朵
胡萝卜……………………1小块
盐……………………1/2小匙
蚝油……………………1小匙
料酒……………………1小匙
水淀粉……………………1大匙
植物油……………………1匙
葱花……………………适量
高汤……………………200毫升

妈妈这样做

① 可提前煮好鸡蛋，捞出剥去蛋壳，切成两半，再将鸡蛋黄取出，留鸡蛋白；香菇、胡萝卜均切末，备用。

② 将盐、蚝油、料酒、葱花加入猪肉馅，用筷子搅拌上劲；双手蘸水，将肉馅做成丸子酿入鸡蛋白内。

③ 将鸡蛋丸子放入蒸锅中，蒸至肉馅熟嫩后端出。

④ 另取锅加油烧热，放入香菇末、胡萝卜末、盐、高汤烧开，再用水淀粉勾芡，淋在肉丸上。

黄瓜酿肉丸

早起 15 分钟

准备好

猪肉末……50克
黄瓜……1根
鸡蛋清……1个
盐……少许

妈妈这样做

① 猪肉末加鸡蛋清、盐，搅拌上劲；将黄瓜洗净后削去皮。

② 将去皮的黄瓜切成约4厘米的小段，用小勺子挖去内瓤做成黄瓜盅。

③ 取搅拌好的肉馅搓成小圆球，填入黄瓜盅内，做好后依次放入盘中。

④ 蒸锅冷水上汽放入盘子，蒸15分钟左右至丸子变色。

早起 25 分钟

五彩鸡米

准备好

鸡胸肉	100克	黄甜椒	1个
土豆	1个	植物油	2匙
胡萝卜	1/2根	葱姜末	适量
杏鲍菇	1个	盐	3克
红甜椒	1个	水淀粉	3克

妈妈这样做

1

鸡胸肉切丁，加水淀粉、植物油拌匀，腌10分钟，再将土豆、胡萝卜、杏鲍菇、红甜椒分别洗净，切丁备用。

2

锅里倒水烧开，将蔬菜丁先后焯烫，捞出沥水备用。

3

锅里倒油烧热，葱姜末爆香，放入鸡丁炒至鸡肉变白，加入蔬菜丁翻炒，加水稍煮，加盐调味。切去黄甜椒顶端并挖空，将炒好的蔬菜鸡丁装入即可。

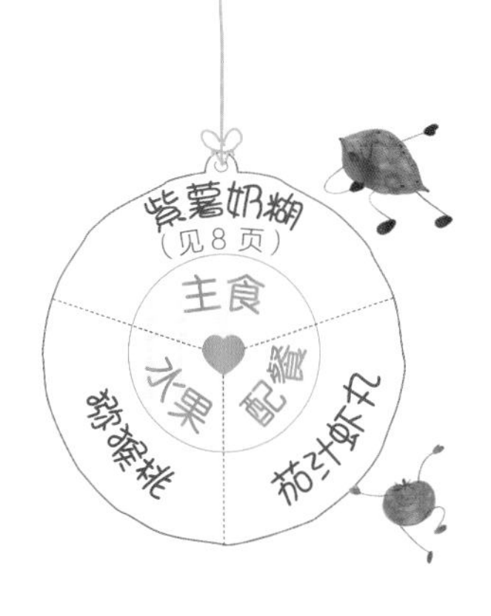

茄汁虾丸

早起 15 分钟

妈妈这样做

1. 将鲜虾洗净后，剥壳取出虾仁，将虾仁剁成细细的虾泥，加入干淀粉搅拌，直到虾泥变黏，至透明起胶。

2. 手上蘸少许清水，取一勺虾馅，用两手来回摔打成丸子状，放入八成热的开水中煮成虾丸。

3. 做早餐时，番茄洗净后切丁，放入已倒油烧热的锅中，小火熬汁，加入水淀粉勾芡。放入煮熟的虾丸，晃动锅，让虾丸均匀地裹上番茄汁。

准备好

鲜虾	20只
番茄	1个
干淀粉	6克
水淀粉	3克
植物油	2匙

Tips 将番茄在热水中浸泡一会，不仅容易去皮，而且能够节约番茄汁的熬煮时间。

蛤蜊蒸蛋

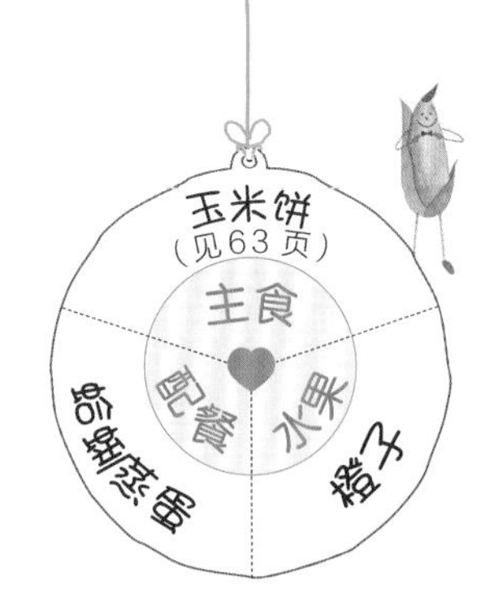

准备好

蛤蜊……16个
鸡蛋……2个
料酒……1匙
生抽……1小匙
芝麻油……1小匙
葱花……适量
姜……2片
盐……少许

妈妈这样做

① 提前一晚将蛤蜊用淡盐水浸泡，使其吐尽细沙，再用小刷子洗刷外壳。第二天早上在锅中放入蛤蜊，加料酒、葱花、姜片，煮至蛤蜊张开壳。

② 鸡蛋打成鸡蛋液，加少许盐后再加入比鸡蛋液多1.5倍的凉水充分搅匀，蛋液过筛，滤出的部分不要，撇掉蛋液表层的气泡。

③ 蛋液倒入装蛤蜊的炖盅，大约到蛤蜊的1/3处，盖上盖子；等蒸锅里的水开后，转小火放入盛有蛤蜊蛋液的盘子。

④ 盖上锅盖蒸15分钟左右，淋上芝麻油、生抽，撒上剩余葱花。

蒸鸡蛋肉卷

早起25分钟

妈妈这样做

① 胡萝卜洗净，切成碎末，加入鸡肉末中，放葱姜水、盐、芝麻油，搅拌均匀。

② 鸡蛋磕入碗中，加入干淀粉打散成蛋液。平底锅倒油烧热，倒入适量蛋液，摊成薄蛋皮。

③ 在蛋皮上铺上肉馅。

④ 从一端卷起，放入锅中加热约20分钟，取出切段，撒葱花即可。

准备好

鸡肉末	100克
鸡蛋	2个
胡萝卜	1/2根
葱姜水	1匙
橄榄油	1匙
芝麻油	1匙
干淀粉	5克
盐	3克
葱花	少许

搭配 玉米粥

玉米粒50克，大米30克。大米洗净，将玉米粒、大米一起下锅用小火煮到玉米粒熟烂即可。

蛋饺

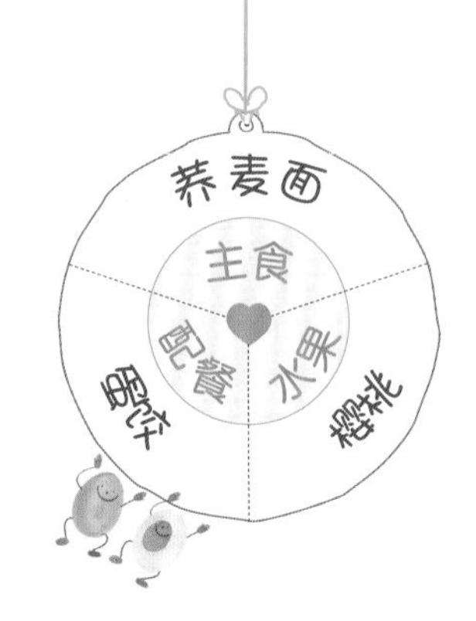

准备好

猪肉末……200克
鸡蛋……5个
荸荠……7个
胡萝卜……1/4根
小葱……2根
生抽……1匙
蚝油……1匙
水淀粉……1匙
盐、芝麻油、白糖…各1小匙
白胡椒粉……少许

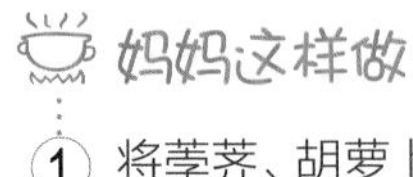

妈妈这样做

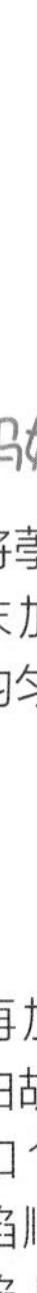

1. 将荸荠、胡萝卜、小葱切末加入猪肉末中，搅拌均匀。

2. 再加入盐、白糖、生抽、白胡椒粉、蚝油、芝麻油、和1个鸡蛋，用筷子将肉馅顺一个方向搅打至肉馅上劲。

3. 将剩下的鸡蛋打散成蛋液，加入1匙水淀粉搅拌均匀。

4. 平底锅里倒少许油，倒1勺鸡蛋液晃动至蛋液凝固成圆形蛋皮，趁蛋液半凝固状态时，将肉馅放在蛋皮上。

5. 掀起一边蛋皮将肉馅覆盖住，轻压边缘至蛋饺黏合住，依次做好所有的半成品蛋饺。

豆腐泡酿肉

早起 15 分钟

妈妈这样做

1. 将胡萝卜切碎后放入猪肉馅内，再加入料酒、生抽和葱姜末搅拌均匀后备用。

2. 将豆腐泡用筷子戳出一个洞，再用筷子搅拌使其内部空间变大，但要注意不要戳通底部。

3. 将拌好的肉末塞入豆腐泡内。

4. 锅里倒少许油烧热，放入葱段、姜片爆香。

5. 放入豆腐泡略煎一下，加入适量高汤，大火煮开后转小火炖煮，炖熟后收干汤汁，淋水淀粉勾薄芡即可。

准备好

猪肉馅	150克
豆腐泡	6个
胡萝卜	1/4根
料酒	1小匙
生抽	1匙
植物油	1匙
水淀粉	1大匙
小葱	2根
姜	3片
高汤	适量
葱姜末	适量

香菇酿肉

准备好

猪肉末……………30克
虾仁………………15克
香菇………………3朵
水淀粉……………适量
胡萝卜末…………少许

妈妈这样做

①

将虾仁剁成泥，和猪肉末混合后再次剁碎，加水搅拌均匀。

②

香菇洗净，去掉根蒂，将肉馅填入香菇背面凹陷处，码放在盘中。

③

放入蒸锅蒸约10分钟，倒出盘中的汤汁，加胡萝卜末煮熟，淋水淀粉勾薄芡后倒在香菇上即可。

胡萝卜鸡肉丸子

正常起床

妈妈这样做

① 提前做好胡萝卜鸡肉丸子。取鸡胸肉洗净、切末；鸡蛋取半个蛋清，剩余打成蛋液；鸡肉末中加入粗粒面包粉，调入盐和蛋清，搅拌至肉馅上劲。

② 胡萝卜洗净、切碎，放入肉馅中搅拌均匀，做成丸子。

③ 丸子滚上剩余的鸡蛋液，裹上粗粒面包粉，放入冰箱中可冷冻保存3天左右。

④ 做早餐时，油锅烧至五成热后，下解冻好的胡萝卜鸡肉丸子，小火煎炸至表面金黄、内部熟透。芦笋洗净，用开水焯熟，一起装入盘中，淋上番茄酱即可。

准备好

鸡胸肉……200克
鸡蛋……1个
胡萝卜……1/4根
芦笋……3根
粗粒面包粉……2匙
番茄酱……2匙
盐……3克

小狮子玉米

准备好

玉米	1根	橄榄油	1匙
奶酪	1片	黑芝麻	少许
鸡蛋	1个	盐	少许
海苔	1片		

妈妈这样做

①

玉米棒切成2厘米厚的段，放入锅中煮熟。

②

鸡蛋取蛋黄，加盐打散，油锅烧热，将蛋黄液煎成蛋饼，从中切出三个小圆饼当做小狮子的脸。

③

将奶酪切出2个大圆和1个小圆，用作嘴巴和鼻子，再将海苔剪出2个小圆点用作眼睛；将黑芝麻点缀在奶酪片上，用作胡须即可。

萨拉米蘑菇奶油意面
（见29页）
主食
饮品：鲜榨西瓜汁
配餐：西蓝花树

西蓝花树

早起 20 分钟

1. 蛋清内加少许盐，打散备用，黄瓜、胡萝卜切成丁，烫熟备用，玉米煮熟后取粒备用。

2. 西蓝花掰成小朵，用淡盐水浸泡10分钟后洗净，开水锅里加少许橄榄油和盐，放入西蓝花焯烫至熟。

3. 将一部分西蓝花放在盘中围成圆形，再将剩余的西蓝花堆起来。

4. 锅里倒油烧热，倒入打散的蛋清炒熟，再加入胡萝卜和黄瓜丁翻炒均匀。

5. 将炒好的蛋清摆在西蓝花周围，再将焯熟的玉米粒撒在西蓝花上，胡萝卜剪出五角星，装饰到西蓝花顶端，淋上沙拉酱即可。

准备好

西蓝花……1朵
胡萝卜……1/2根
玉米……1/2根
黄瓜……1/4段
鸡蛋清……2个
橄榄油……1匙
盐……少许
沙拉酱……少许

珍珠丸子

准备好

- 猪肉馅……200克
- 糯米……100克
- 胡萝卜……50克
- 香菇……2朵
- 鸡蛋清……1个
- 山药……1/2根
- 芝麻油……1匙
- 生抽……1匙
- 葱姜末……1匙
- 白糖……3克
- 盐……2克

妈妈这样做

1. 提前一晚将糯米浸泡3小时，沥水备用；将香菇、山药、胡萝卜切末。

2. 将切好的蔬菜末和猪肉馅放入碗中，加入蛋清、葱姜末、芝麻油、生抽、盐、白糖，用筷子搅拌上劲。

3. 手指蘸水，将肉馅揉成圆球，裹上糯米后用手轻压表面，捏紧糯米，将丸子码放在盘子内放在冰箱里冷冻。做早餐时将盘子放入蒸锅中，加水开大火蒸25~30分钟即可。

搭配 清炒莴笋丝

莴笋1/2根，红椒1/2棵，盐、植物油各1匙。莴笋、红椒分别洗净切丝；炒锅里烧热油，加入莴笋丝，用大火快速翻炒至莴笋丝变软后，加红椒丝，出锅前加盐调味即可。

海米菜心粥
（见4页）
主食
水果
配餐
香蕉
滑蛋虾仁

滑蛋虾仁

早起15分钟

妈妈这样做

① 鸡蛋打入碗中，取少量蛋清。虾剥壳取虾肉，用少许盐腌制5分钟，再加料酒、白胡椒粉、蛋清、玉米淀粉腌制片刻。鸡蛋液加入水淀粉搅拌均匀备用。

② 炒锅热油，放入葱段、姜片爆香再放入虾仁，滑散后捞出。

③ 锅里再次倒入植物油，烧热后倒入鸡蛋液，待蛋液周围稍凝固时倒入滑好的虾仁，迅速划圈炒散。

④ 炒至蛋液凝固，撒上葱花出锅。

准备好

基围虾……150克
鸡蛋……2个
植物油……2匙
料酒……1小匙
水淀粉……1/2碗
白胡椒粉……5克
玉米淀粉……3克
盐……2克
小葱……3根
姜……3片

图书在版编目（CIP）数据

儿童活力营养早餐 / 薄灰著 . -- 南京：江苏凤凰科学技术出版社，2018.9（2020.8重印）
（汉竹•亲亲乐读系列）
ISBN 978-7-5537-9407-5

Ⅰ. ①儿… Ⅱ. ①薄… Ⅲ. ①儿童食品－食谱 Ⅳ. ① TS972.162

中国版本图书馆 CIP 数据核字 (2018) 第 147843 号

中国健康生活图书实力品牌

儿童活力营养早餐

著　　者	薄　灰
责任编辑	刘玉锋　姚　远
特邀编辑	徐键萍　王建超
责任校对	杜秋宁
责任监制	刘文洋
出版发行	江苏凤凰科学技术出版社
出版社地址	南京市湖南路1号A楼，邮编：210009
出版社网址	http://www.pspress.cn
印　　刷	合肥精艺印刷有限公司
开　　本	720 mm × 1 000 mm　1/16
印　　张	13
字　　数	200 000
版　　次	2018年9月第1版
印　　次	2020年8月第6次印刷
标准书号	ISBN 978-7-5537-9407-5
定　　价	39.80元

图书如有印装质量问题，可向我社出版科调换。